鄱阳湖洪涝灾害风险防控技术

雷声 许小华 孙东亚 汪国斌 等 编著

U0382285

中国水利水电出版社
www.waterpub.com.cn

·北京·

内 容 提 要

　　本书从鄱阳湖洪涝灾害形成机制与预报预警技术、圩堤险情孕育机制与监测技术、洪灾评估与险情处置防治技术、风险防控技术体系创建四个方面介绍了鄱阳湖洪涝灾害风险防控四大关键技术，并以 2020 年鄱阳湖洪涝灾害为例，详细阐述了洪涝灾害风险防控技术体系的创建及实践应用。本书技术实用、内容丰富，对国内外湖泊流域洪涝灾害风险防控工作具有较好的理论与实践指导意义。

　　本书可供从事洪涝灾害防控相关工作的科研、业务和应用开发人员阅读，也可供相关专业高校师生参考。

图书在版编目（ＣＩＰ）数据

鄱阳湖洪涝灾害风险防控技术 / 雷声等编著. －－ 北京 ： 中国水利水电出版社，2022.10
ISBN 978-7-5226-0919-5

Ⅰ．①鄱… Ⅱ．①雷… Ⅲ．①鄱阳湖－水灾－灾害防治－研究 Ⅳ．①P426.616

中国版本图书馆CIP数据核字(2022)第148129号

书　　　名	**鄱阳湖洪涝灾害风险防控技术** POYANG HU HONGLAO ZAIHAI FENGXIAN FANGKONG JISHU
作　　　者	雷声　许小华　孙东亚　汪国斌　等 编著
出 版 发 行	中国水利水电出版社 （北京市海淀区玉渊潭南路 1 号 D 座　100038） 网址：www. waterpub. com. cn E - mail：sales@ mwr. gov. cn 电话：(010) 68545888（营销中心）
经　　　售	北京科水图书销售有限公司 电话：(010) 68545874、63202643 全国各地新华书店和相关出版物销售网点
排　　　版	中国水利水电出版社微机排版中心
印　　　刷	北京印匠彩色印刷有限公司
规　　　格	170mm×240mm　16 开本　14.75 印张　289 千字
版　　　次	2022 年 10 月第 1 版　2022 年 10 月第 1 次印刷
印　　　数	0001—1000 册
定　　　价	**75.00 元**

　　我国是世界上自然灾害影响最严重的国家之一，而洪涝灾害一直是我国最主要的自然灾害。洪涝灾害包括洪水灾害和雨涝灾害两类，由于洪水灾害和雨涝灾害往往同时或连续发生在同一地区，有时难以准确界定，统称为洪涝灾害。我国的洪涝灾害大部分都是由暴雨而引起，存在发生频率高、影响范围广、造成危害大等特点。1990 年以来全国因洪涝灾害年均造成的损失达 1100 亿多元，大约占同期全国 GDP 的 2%，在大洪水年份，该比例甚至达到了 4%。

　　鄱阳湖位于江西省北部，长江中下游南岸，是我国最大的淡水湖，来水受长江和江西"五河"（赣江、抚河、信江、饶河、修河）影响，长期以来洪涝灾害极为频繁，严重威胁人民生命财产安全、制约湖区经济社会发展、阻碍脱贫攻坚和乡村振兴。据统计，1949—2021 年，鄱阳湖共发生超警洪水 34 年（次）。1998 年洪水，湖区 240 座千亩以上圩堤溃决，900 余万人受灾，263 人死亡，直接经济损失达 300 余亿元。2020 年洪灾，3 座万亩堤溃口，185 座单退圩进洪，673 万人受灾，直接经济损失 313.3 亿元。

　　2003 年以来，作者针对鄱阳湖洪涝灾害风险防控工作中的关键问题及薄弱环节，开展了包括流域洪水灾变规律研究、三峡运用对江湖关系影响物理模型研究、中小河流堤防溃决风险分析与预警研究、鄱阳湖"五河"尾闾及入湖口演变遥感研究等关键技术的科研课题和科技项目攻关，提炼出众多科研成果，在发挥社会效益的同时也为本书的撰写提供了大量的理论支撑和基础数据。

本书以鄱阳湖区为研究对象，遵循防灾学、水文学、水力学、土力学和空间信息学等理论，紧密结合鄱阳湖洪涝灾害防御现状，将自然灾害风险管控理念引入洪灾应急抢险实践，深入开展洪涝灾害形成机制、水文情势精准研判与应急响应、圩堤险情孕育机制、洪灾应急监测与评估、险情处置与防治等科学研究和技术攻关，在系统集成创新的基础上，构建了鄱阳湖洪涝灾害风险防控技术体系，最终系统地提升了鄱阳湖洪灾防御水平，并通过技术推广和转移扩散为全国各地提供示范和借鉴。本书在以下几个方面取得了进展：

（1）探明了鄱阳湖洪涝灾害驱动因素、揭示了鄱阳湖洪涝灾害演变规律与形成机制，提出了复杂江-河-湖水文关系物理模型模拟、鄱阳湖容积遥感精准计算、变化水文情势下水位滚动预报与水库调度和应急响应分级等一批关键技术，提升了鄱阳湖洪水预报预警能力。

（2）揭示了复杂水雨工情条件下的鄱阳湖圩堤险情孕育机制，提出了圩堤主要致溃险情物理试验与数值模拟、渗漏隐患综合探测、溃口模拟与水文应急测报等一批关键技术，提高了圩堤险情监测精准度与溃口模拟测报技术水平。

（3）提出了洪灾态势遥感协同评估、单退圩减灾模拟与评估、圩堤溃决风险评估、险情会诊与分级处置等一批关键技术，创建了渗流控制和防治设计规范，并成功应用于鄱阳湖洪灾评估、险情处置和防治实践。

（4）在提炼鄱阳湖洪灾预报、监测、评估、处置和防治等关键技术的基础上，通过逐年的示范应用并不断完善，形成了一批技术操作规范，创建了鄱阳湖洪灾风险防控技术体系；通过系统集成创新，提升了鄱阳湖洪灾风险防控技术能力和水平，取得了较好的社会经济效益。

本书共8章，第1章为绪论，主要介绍了洪涝灾害与防汛抢险的概念及相关研究情况，引入自然灾害风险管控理念，提出了鄱阳湖洪涝灾害风险防控体系及具体研究思路，由雷声、许小华和邹晨阳撰写；第2章为鄱阳湖防汛概况，介绍了鄱阳湖基本概况和洪涝灾害防御现状，由许小华、汪国斌和乔楠等撰写；第3章为鄱阳湖洪灾形成机制与预警预报，分析了鄱阳湖洪涝灾害演变规律与形成机制，提出了洪灾分级预警技术，由雷声、黄志文、冻芳芳和汪国斌等撰写；第4章为鄱阳湖圩堤险情孕育机制与监测，介绍了鄱阳湖区圩堤致溃险情破坏机理、堤坝渗漏隐患综合探测和溃口模拟监测技术，由雷声、孙东亚、王萱子和孙亚勇等撰写；第5章为鄱阳湖洪灾评估与险情处置防治，介绍了洪涝灾情遥感协同评估、单退圩减灾模拟评估、圩堤险情专家会诊与安全风险评估、险情应急抢险处置和防治等关键技术，由许小华、张秀平、邹晨阳、万国勇和黄萍等撰写；第6章为鄱阳湖洪涝灾害风险防控技术体系，提出了针对洪水预报预警发布、险情识别与应急监测、洪涝灾害评估、险情处置与防治技术的一整套鄱阳湖洪涝灾害防控技术体系，由雷声、许小华、张秀平、王萱子和冻芳芳等撰写；第7章为技术实践与运用，介绍了上述理论及技术成果在鄱阳湖洪涝灾害风险防控工作中的应用成效，由许小华、黄萍和黄志文撰写；第8章为结论与展望，由雷声、孙东亚撰写。

本书成果由江西省水利科学院、中国水利水电科学研究院、江西省水文监测中心、中铁水利水电规划设计集团有限公司等单位共同完成，也得到了江西省防汛抗旱指挥部、江西省水利厅水旱灾害防御处、鄱阳湖滨湖县（市）防汛相关部门和有关专家的大力支持，凝聚了江西省水利系统各级领导和防汛专家的智慧，在此表示衷心的感谢。

由于撰写时间仓促，作者水平有限，书中不足之处在所难免，不当之处敬请广大读者批评指正。

作者

2022 年 5 月

目 录

第 1 章

绪　　论

1.1　洪涝灾害与防汛抢险

1.1.1　洪涝灾害概念及危害

自然灾害自古以来就是人类的大敌，它破坏人类赖以生存的环境，直接造成人民生命财产的重大损失，严重影响经济发展和社会进步，是当今人类面临的最严重的问题之一，而洪涝灾害是当今最主要自然灾害之一。

洪涝灾害包括洪水灾害和雨涝灾害两类。其中，强降雨、冰雪融化、冰凌、堤坝溃决、风暴潮等原因引起江河湖泊及沿海水量增加、水位上涨而泛滥以及山洪暴发所造成的灾害称为洪水灾害。因大雨、暴雨或长期降雨量过于集中而产生大量的积水和径流，排水不及时，致使土地、房屋等渍水、受淹而造成的灾害称为雨涝灾害。

我国是世界上自然灾害最严重的国家之一，洪涝灾害一直是最主要的自然灾害。我国洪涝灾害大部分都是由暴雨而引起的，有以下特点：①频率高。几乎年年发生洪涝灾害，只不过大小和程度不同而已。据统计，自公元前 206 年至 1949 年的 2155 年中，我国发生了 1092 次较大洪涝灾害，平均两年就会发生一次。1949 年新中国成立以后，我国洪涝灾害依然频繁，1954 年、1956 年、1998 年、2010 年、2012 年、2016 年、2020 年均发生有较大的洪涝灾害。②范围广。我国河流众多，水资源丰富，所以洪涝灾害在全国范围内都存在。我国有 2/3 的国土面积、超过一半人口、35％的耕地受到洪涝灾害的严重威胁。③危害大。洪涝灾害威胁国民生命安全，阻碍社会经济发展，1990 年以来因全国洪涝灾害年均造成的损失在 1100 亿元左右，大约占同期全国 GDP 的 2％，大洪水年份，该比例甚至达到了 4％。

江西省地处中国东南部，属于典型亚热带季风气候区，温暖湿润、降水量丰厚，且地形南高北低，东、西、南三面环山，中部丘陵和河谷平原交错分布，北部为鄱阳湖平原，沟壑纵横使得大量河流汇聚。据统计，全省年降水量为 1341～1943mm，多年平均年降水量为 1638mm；流域面积大于 $10km^2$ 以上的河流有 3771 条。基于这些地质与气象特征，加之局部强降雨频发，几乎每年都有不同程度的洪涝灾害发生，较大洪涝灾害平均每 3～5 年发生一次，较严重受灾年份有 1954 年、1973 年、1992 年、1995 年、1998 年、2010 年、2012 年、2016 年、2020 年等。鄱阳湖位于江西省北部，是我国最大的淡水湖，来水受长江和江西"五河"影响，由于地势低洼、宣泄不畅，水位一旦上涨，退水极为缓慢，水位超警短则十几天，长则数月之久，长期以来洪涝灾害极为频繁。因此，洪涝灾害一直都是江西省因灾导致人员伤亡的主要灾种。

从古至今，我国历代就不断与洪涝灾害做斗争。从古代大禹治水的因势利导，李冰父子具有时代创新性的都江堰，到现代的流域综合防洪体系建设，技术的发展使得洪涝灾害造成的损失慢慢变小。但随着人口的增长、经济的发展和极端天气的发生，社会发展仍面临着人多地少、人与水争的形势，在大江大河流域中，上下游、左右岸、干支流之间的水事冲突依然严峻。

1.1.2　防汛抢险概念及技术

由于洪水发生的形式较多（如暴雨、冰凌、台风、融雪、溃坝等），发生的时间和地点又无确定规律，在空间上洪水几乎涉及每一个地区，防汛抢险的具体对象广义上范围大、内容多，时空跨度太宽。有学者把防汛应急抢险技术定义为："江河湖泊挡洪堤防出险临阵抢修的有关技术原则、方法和措施"，内容可包括江河洪水汛情研判、暴雨洪水监测预报、江河堤坝险情抢护与堵口复堤、蓄滞洪区设置、水库防洪调度、防汛组织与物料调配、应急监测与通信以及洪涝灾害评估等。

防汛抢险具有很强的时效性，为了取得良好的抢险效果和减少抢险投入，任何险情的发生都应抓住险源要害，坚持早治早抢的原则，所有工作都应速查、速断、速战、速果，提高快速反应能力。为了应对洪涝灾害，多年来国家进行了大量的投入，如修建水库用来对洪水进行调度、巩固岸坡防治洪水的破坏，建设圩堤来阻挡泛滥而来的洪水等。然而，这些预防措施在大洪水到来时有时也不能完全抵御，一旦破坏，就形成了"突发事件"，即洪涝灾害，所以就需要与之相对应的应急抢险措施来进行快速处理。

险情发生具有不确定性、突发性与速变性等特点，因此，防汛抢险是一个跨越时空、影响因素众多的复杂大系统。以圩堤险情抢护决策流程为例，包括以下过程：巡堤发现险情→现场指挥决策小组→险情诊断识别→分析险因险象特征→评估险情等级→根据环境条件优选对策方案→制定实施方案→调用施工队伍→启动防汛物资保障→观察、检查、调整、评估可靠性→评估抢险效果、总结经验教训。

防汛抢险技术是针对一些突发洪涝灾害，采取迅速且高效的措施进行救灾抢险。洪涝灾害是典型的突发性自然灾害，尤其对于我国的洪涝灾害的成因多发生于圩堤，而圩堤处发生洪涝灾害的种类主要包括管涌、散浸、穿洞、漫顶、脱坡、塌陷、溃口等。以江西为例，由于特殊的地形地貌，一旦发生局部强降雨就会迅速形成洪水，汇入鄱阳湖形成洪涝灾害，给滨湖沿河圩堤形成巨大的防汛压力。据江西省防汛抗旱指挥部统计，2020年7月8—16日，鄱阳湖区圩堤共发生险情1900余处，以上出险范围几乎涉及鄱阳湖绝大部分圩堤，其中管涌险情最为严重，影响大，范围广。

防汛抢险技术专业性强，对时间要求高。考虑到日常防汛过程中，圩堤险情抢护较为普遍，危害性也大，本节以常见的散浸、管涌、漏洞、漫溢、溃口等为例，介绍应急抢险的基本内容。

散浸是指在汛期高水位下，堤坝背水坡及坡脚附近出现土壤潮湿或发软并有水渗出的险情。若放置不管，就可能造成管涌、漏洞等险情。散浸应急处置基本思想为"临河截渗，背河导渗"。应急时为洪水期，临河面水位高，故临河湖截渗不太容易实现，主要采用背河导渗的思想。临水面处置方式一般为黏土前戗截渗、土工膜截渗等。黏土前戗截渗就是在临水坡肩准备好散状黏性土，然后集中力量由上而下，由里而外，沿坡向水中慢慢推下。背水导渗是通过反滤层的作用，达到一个"滤土排水"的效果。反滤层一般采用砂石、土工织物或梢料等材料，可就地取材，按照上细下粗、边细中粗的原则进行平铺。

管涌是指在渗流作用下，土体中的细颗粒被地下水从粗颗粒的空隙中带走，从而导致土体形成贯通的渗流通道，表现为翻砂鼓水，进一步发展会造成土体塌陷的险情。目前应急抢险思想"上堵下排"，采用弱透水性材料在迎水面进行封堵，减小渗流量；并在发生管涌的地方使用反滤材料进行反滤，避免泥沙流失。此外还有一些预防技术如设置减压井或者防渗墙进行预处理，可以直接有效避免管涌发展。

漏洞是指在圩堤内部形成漏水通道的险情。漏洞水流为压力流，流速大、冲刷力强，若不封堵会使漏洞不断扩大，最终造成堤坝溃决。漏洞险情应急处理通常采用针刺无纺布、棉被、棉絮、草包、编织袋包等软性材料塞堵法；还有盖堵法，结合实际情况采用铁锅、铁帘、网兜、土工合成膜布等进行盖堵。在漏洞进口较高，堤顶较宽的条件下方可采用开槽断截法，在堤顶开槽，深至洞道，再用黏性土填实，截断通道。如果临水面水深较浅，流速也比较小，可采用临水筑月堤；在洞口范围内用土袋修成月形围埝，再填筑黏土封闭。

3

漫溢是指实际洪水位超过现有堤顶高程，或风浪翻过堤顶，洪水漫堤进入堤内的险情。漫溢的应急抢险思想为"水涨加堤，水多分流"，即加高圩堤组织来水，利用周围分洪区或河道分流。在洪水到来前就需通过各部门的协同配合预测到洪水大小，再结合水库实际情况进行分析洪水是否在可控制范围，若在，就可直接采用加高堤坝的方法在洪水来临前竣工，完成抢险。还可以建造子堰，建造子堰的材料分为土料和土袋子；前者具有断面小、用工少、工期短、可就地取材等优点，适用于中小型洪水；土袋子堰抗冲刷，施工速度快，一般用于坝顶将要溢水或风浪越过坝顶的紧急情况。若预计洪水漫顶时间会比较短，且取土困难或来不及修筑子堰时，可以在堤坝顶和背水坡铺一层防水布，让水短时间先漫溢。

溃口是指圩堤被洪水或其他因素破坏，造成口门过流的险情。溃口的应急抢险即堵口，长期以来我国都是用传统堵口技术，传统堵口技术就是在非汛期的时候，采用柳枝、秸秆、土石料等材料，人为地去修筑附属挑流坝、引河以及裹头、正坝、边坝、二坝、后戗，经合龙和闭气后，进行复堤，达到封堵目的。

以上仅简单介绍了圩堤应急抢险技术，实际上应急抢险涉及洪灾形成机制、雨水情监测预测与研判预警、蓄泄洪区和水库调度、组织与物料调配、应急监测与通讯和洪涝灾害评估等内容，本书将结合鄱阳湖洪涝灾害风险防控现状进行较为详细的介绍。

1.2 国内外研究现状

1.2.1 洪灾形成机制与预报预警技术

1. 洪灾形成机制技术

孕灾环境理论认为洪灾的发生与区域气候、地质、地貌和土地覆被环境密切相关。众多学者探讨了全球气候变化的区域响应机制，就气温、降水、蒸发等要素进行了多层次的分析，并据此预测或评估区域洪涝干旱的发展趋势。总的来说，全球变暖增加了区域水循环过程中的不确定性，洪涝和干旱事件有可能变得更加严重和频繁。张人权、来红州和贺建林等分别研究了洞庭湖区地质环境演变背景与洪灾发生发展的关系，指出洞庭湖区严重的洪涝灾害与湖区构造沉陷及泥沙淤积有很大的关联。莫建飞、彭涛和胡大超等从地形、地貌河网变化、植被和人类活动等孕灾环境因子出发，分别研究了广西、珠三角区和鄱阳湖区孕灾敏感性及其变化对洪灾的影响。

所谓致灾因子，是指那些可能导致灾害发生的孕灾环境中的异变因子。致灾因子风险分析理论从引发洪灾的洪水本身出发，研究洪水发生发展过程，通过预测、预报和预警等方法掌握洪水的危险性特征。以往的研究主要集中在致灾因子方面，通过水文频率分析、水文预报、洪水模拟等方法，对洪水要素进行了深入细致的探讨。在水文频率分析方面，频率曲线线型选择和参数估计是其主要的研究内容。研究表明，皮尔逊 P-Ⅲ 线型比较符合我国有较长观察资料的洪水特征值，而美国水资源委员会推荐使用对数 P-Ⅲ 型分布。参数估计的传统方法有矩法、极大似然法、最小二乘法、适线法等。许多学者在提高参数估计精度方面做了不少有益的尝试，刘光文提出了改进的权函数——双权函数法进行参数估计，Wood 则提出了贝叶斯方法，部分学者还探讨了智能算法、模糊数学法在水文参数率定和估计中的应用。在水文预报方面，除了经典的降雨径流相关法、马斯京根法以及概念性水文模型，具有良好物理模拟机制的分布式水文模型得到越来越多的关注和应用，成为水文预报研究的发展方向。基于 GIS 的洪水预报预警系统在科研和防洪实践中受到越来越多的重视，将其与专家决策系统连接可以实现防洪决策调度的科学化。在洪水模拟方面，通过水文和水力学方法对洪水演进进行数学模拟，能够计算给定频率洪水，在某种洪水调度、工程失事或水位情景下，可能的淹没范围、深度、流速和历时等要素。国外广泛使用的洪水风险图大部分采用的就是洪水模拟方法，通过确定一定区域范围内的洪水风险分布以及可能的撤退路线等信息，公众可以有针对性地采取必要的风险防范措施。我国各区域的洪水风险图制作也正在逐步推动和深入，在利用水文和水力学方法对洪水进行模拟方面取得了不少成果。刘树坤、程晓陶、李娜和邢大韦等分别对小清河、蒙洼、北金堤、孙口至艾山河段、东平湖、渭河下游等蓄滞洪区以及广州、沈阳、海口、深圳、天津等城市进行了洪水演进模拟并进行了洪水风险区划。近些年来，随着 GIS 应用技术的不断发展，将 GIS 软件与洪水演进模型结合起来研究成为一种新的趋势。

2. 洪灾预报预警技术

纵观历史，可以将洪水预警预报的研究分为两个方面：一个是按照洪水行洪的时间规律进行研究；另一个是根据洪水发生时可能影响的空间范围进行空间预报研究。在实际运用中，根据研究地域的特点选择其中一种进行预警，也有学者综合时间和空间两个要素达到更好的预警效果。从时间角度出发对洪水预警进行研究，通常情况下都是以洪水发生的时间、周期、频率作为预警内容展开研究的。而洪水的行洪规律和特征自然而然就成为研究的基础，其中包括洪水产生与流域范围内的产流汇流之间关系的研究，美国学者谢尔曼尝试基于单位线法解决相关问题。在降水产流方面，美国科学家霍顿提出了超渗产流机制的概念，他认为降水的下渗能力和降水的强度有着密切的联系，当降水达到一定的强度时就开始产流，否则都是在土壤中进行渗透作用。麦卡锡在对流域行洪过程和河流径流量变化的研究中，提出了马斯京根法，其中流量的变化是根据降水数据来求算的。20 世纪 60 年代初期，具有代表性意义的斯坦福模型被开发出来，水文预报模型开始进入研究初期阶段。例如，赵人俊等就为国内水文模型的研究作出了重大贡献，他开发的新安江模型为后来学者对其他流域的研究提供了借鉴。美国学者最先尝试了把分布式模型用到洪水预警预报中，加上雷达技术和洪水量化的研究，为之后的洪灾自动化监测预警技术做出了很好的铺垫。90 年代，研究者开始研究通过收集降雨等气象数据，在相关模型中输入这些信息数据后直接得到研究区域的水文信息的方法，例如，加拿大学者 Zhu 等通过研究把相关洪水预测的准确性提高了很多。我国福建省在日本的帮助下建立了全省覆盖的洪水监测预警系统，对闽江流域的洪灾防治起到了关键作用。同一时期，人工神经网络、灾害预警理论、模糊理论等得到快速发展，在预警研究中也得到了大量运用，我国的陈守煜就在这些理论的基础上建立了人工神经网络模型，并将其运用到洪水预警中，取得了较好的效果。21 世纪以来，3S 技术与计算机技术的继续发展在预警预报的研究中开始发挥越来越重要的作用，寒潮预警、空气污染预警、洪水预警等各方面的预警都可以结合这些技术进行研究。洪水预警信息平台的设计大多数都是在地理信息系统技术基础之上建立的，再与卫星监测、卫星通信等技术相结合便能更好地对洪水进行监测、预警和评估。

空间预报常常用于山洪预警研究中，特别是伴随着滑坡、泥石流等次生地质灾害频发的地区。奥地利的科学家奥里茨基对此研究较早，20 世纪中叶就已经针对奥地利内的每一条荒溪进行研究，根据山洪的危险程度进行区域划分，他提出的"荒溪分类"方法得到了国际上众多学者的认同。瑞典学者按照洪水的危险等级，把洪水的易发区划分成多个危险区，每个危险区又再进行细分为更多的亚区，以此来估计洪水可能的影响范围。从实际情况来看，并不是所有的地域都适用于洪水危险区的划分，例如，有的区域被划分在了危险区，但是该区历史上并未有洪水发生，或者有的区域发生了洪水，而是该洪水是周期性稳定发生的，危险性并不高，因此不必将这样的区域划进危险区。赵士鹏等从全国范围出发，根据洪灾在不同地区的相似性与差异性研究了洪灾强度、频率、危害程度等的分布。21 世纪以后，洪灾空间预报呈现多元化发展的趋势，考虑和研究的角度也不尽相同。李永红等结合计算机技术对陕西山洪灾害的易发区进行了划分，基于小流域分为了高、中、低三个灾害易发区。

从这些年的大趋势上看：时间上，洪灾的预警预报趋向于运用水文模型来预测发洪水的时间，对无资料少资料地区的研究也逐渐增多；空间上，危险区危险度的划分方法呈现多样化发展，洪水淹没分析的方法则较为实用。总体上看，预警预报的方法技术需要与时代发展相结合，随着遥感、3S 等技术的发展，有必要结合先进技术开展复杂条件下江-河-湖水文关系模拟，以期实现鄱阳湖容积精准计算，为提出水位预报、水库调度和应急响应奠定基础，提升鄱阳湖洪水预报预警能力。

1.2.2 圩堤险情孕育机制与监测技术

1. 圩堤险情孕育机制

圩堤险情种类包括管涌、溃口、漏洞、漫溢、脱坡等。对于各种圩堤险情孕育机制，国内外学者均开展了不少研究。国内外学者在管涌发展机理、临界水头、防治技术等方面已经取得了丰富的研究成果，研究方法主要集中在经验方法、数学模型、模型试验和数值模拟四大类，但从目前管涌灾害现状和防治需求看，仍存在很多不足，需要深入研究的空间仍然很大。模型试验、数学模型和数值模拟三种方法相结合并互相验证，综合运用多学科知识，从多尺度采用物理模型和数值模型相结合，全面阐释管涌过程和机理，是未来研究管涌问题的主要趋势和方向。

2. 圩堤险情监测技术

该技术研究成果包括：基于自然电场法的土坝渗漏通道探测；基于高密度电法的堤坝裂缝、破碎区、空洞、脱空区、渗漏探测及堤坝隐患监测方案；基于瞬变电磁法的堤坝渗漏隐患、松散体、含水砂层等探测；基于地质雷达法的浅部空洞、松散不均匀体、老口门等探测；基于瑞雷面波法的堤坝管涵、蚁穴、空洞、疏松带等探测。1999 年，依据水流场与电流场的相似性，何继善院士提出探测堤坝渗漏入水口的流场法。此外，根据堤坝渗漏水物理化学特征，基于温度场的分布式光纤测温技术、基于渗漏水运动状态的同位素示踪技术、基于渗漏水的分子结构特征的核磁共振技术、水下多波束等都被应用于堤坝渗漏通道探测和堤坝监测中。

高密度电阻率法是 20 世纪 70 年代由英国首先提出，80 年代由日本地质株式会社实现的，80 年代末引入我国。郭玉松等应用"HGH-Ⅲ 堤坝隐患探测系统"在黄河大堤花园口段对一已知的直径约 1m、埋深 8m 的穿堤涵管进行了高密度电阻率法实验研究，得到已知隐患的电阻率图像。吕玉增等针对高密度电法中电极布置和观测装置多样而出现的实际探测中装置选择问题进行了研究，从工作条件要求、观测装置选择以及数据观测三方面进行了探讨。邓居智等利用重庆奔腾数控技术研究所研制的 WGMD-1 型高密度电阻率测量系统，对江西某水库土质坝体的隐患进行了探测。

地质雷达法作为一种新的浅层物探方法，已被广泛应用于堤坝隐患探测中。何开胜等对李桥水库大坝裂缝和渗漏通道等病害进行了现场踏勘和地质雷达探测研究，探测表明，坝身壤土心墙填土总体密实性差、不均匀、裂隙较多，由此带来坝身渗漏。何开胜等通过对京杭运河、洪泽湖大堤危险段渗漏病害的地质雷达探测，推断了散浸出水点、渗漏通道出水点的位置，并进行手摇钻探取样予以验证。

地震波层析成像（CT）分为速度层析成像和衰减层析成像。加拿大学者Chapman 首先从理论上指出地震学上的变换即为 Radon 变换，使人们对以前的工作有了新的认识。Aki 等将医学层析成像技术应用于地震学研究地壳。美国 Livermore 国家实验室的 Dines 和 Lytle 在地球物理 CT 方面做了大量的数值模拟试验，在井间 CT 技术（cross-borehole tomography）方面开展了大量的工作。黄河水利委员会冷元宝、朱文仲等用地震和声波 CT 对黄河小浪底主坝防渗墙混凝土施工质量进行了检测，查找出了不合格墙体，并经个检查孔验证。

超声波透射技术近年来也被引入到堤坝安全检测及隐患探测中，用于检测堤坝混凝土老化区、坝体渗漏、坝址地质构造及断裂带等。北京市市政工程研究院应加拿大安大略省电力局邀请对该省大坝进行了一次评估大坝稳定性的声波检测试验，包括对坝体进行的跨孔声波层析成像测试，成功地显示了钻孔间二维剖面声速分布图，得到了混凝土与基岩接触带的空间二维分布。中国地质科学院地球物理地球化学勘查研究所、云南省地震局将声波透射法用于水库坝基渗漏病险勘查。近年来，基于模拟退火、神经网络、正则化等的非线性反演方法被应用于声波层析成像，以提高混凝土坝缺陷识别能力。此外，阵列超声检测技术的研究与应用，极大提高了声波探测能量、扩展其应用范围。

浅层地震波法是利用堤坝隐患与周围介质之间的波速或波阻抗差异开展堤坝隐患探测。在陕西某水库左坝肩渗漏探测、红石峡水库坝基和坝体质量检测中，高密度地震映像都起到了较好的效果。另外，浙江省水利河口研究院曾将SWS21G 工程勘探与检测系统较好地应用于黄岩长潭水库坝体隐患调查、玉环里墩水库坝基处理效果检测、东苕溪防洪工程西险大塘加固工程套井回填质量检测以及椒江外沙海塘和温岭东浦新塘探测。

随着现代科技特别是信息技术的快速发展，通过引进先进的水文测验仪器，在此设备基础上结合实际应用研发系统，实现水文监测自动化。减轻了测量工作人员的强度，提高了工作效率、保障人员安全。水文应急监测主要采用RTK、无人机、走航式 ADCP、电波流速仪、压力式水位计等先进仪器设备，从"天空-水面"对溃口口门宽、水深、水位、水位差、流速、流量、水量、长度、体积等要素实施全方位监测和分析，尤其是遥控船 ADCP、无人机航拍测流系统、压力水位计在应急监测中发挥重要作用，为估算决口封堵工程量、确定封堵最佳时间、制订封堵方案提供支撑。

综上，基于圩堤险情研究多采用经验方法、数学模型、模型试验、数值模拟和监测手段，但综合多学科综合分析圩堤险情孕育机制、开展深层次险情发展的监测研究仍不足。因此有必要围绕圩堤管涌、接触冲刷、漫溢和崩岸等主要致溃险情，结合物理模型、综合无损探测方法等多种手段，探究圩堤常见险情的孕育机制，以期进一步提升圩堤险情监测精度及溃口预警预报水平。

1.2.3　洪灾评估与险情处置防治技术

1. 洪灾评估技术

洪水灾害评估包括洪水分类管理、洪灾损失评估和洪灾等级评估等所有可以加强洪水资源管理，减轻洪灾造成的损失的人类活动过程，是一项高度复杂的系统工程，其目的是通过提供快速、可行的灾害重建计划，建立有效的防洪预警计划，增强人们对洪灾的意识和承受能力，尽最大可能地减轻洪灾所造成的损失。洪水灾害评估的重要问题之一，就是根据洪水发生发展的阶段性特征如洪水总量、洪峰流量、洪水历时及洪水重现期等要素因子，运用一定的聚类、分类方法，把洪水分成特大洪水、大洪水、中等洪水和小洪水等不同类别。洪水分类对提高洪水预测预报精度、优化洪水调度、加强洪水灾害损失的控制、实现洪水资源化利用管理有十分重要的意义，可以为洪水灾害评估提供决策依据。洪水的产生和发展过程具有很强的随机性和不确定性，洪水过程受流域的天气变化情况、水文径流情况、下垫面情况、人类活动等诸多要素的综合影响，寻找多指标同类别的洪水变化规律极为困难。因此，研究洪水分类模型和方法，可显著提高洪水预报精度，为防洪调度决策提供更加可靠的依据，同时对洪水灾害评估也具有重要的指导意义。任明磊、王本德用模糊聚类迭代模型将历史洪水分为若干类型，分别对水文预报模型参数进行分类调试，并建立了神经网络分类模型来判断实时洪水所属的类别。王文圣、李跃清等将集对分析理论用于洪水分类的研究，提出了基于集对原理的洪水分类方法年。刘玉邦、梁川等针对目前多指标洪水综合分类方法中存在的诸多不足，采用了主成分投影-聚类-耦合模型进行洪水分类的研究。

洪灾评估就是根据已有灾情评估指标值和灾情评估模型，对洪水造成的人员伤亡、经济损失、社会影响和生态环境影响等进行评估分析。洪灾评估分析的研究主要集中在评估指标体系、评价方法等方面，主要通过灾损率（即洪灾损失评估）、灾损度（即洪灾等级评估）来衡量。灾损率反映自然灾害损失占灾区经济生活和社会生产总量的比率，可以根据各灾情指标的损失程度对洪灾的灾级进行刻画。洪水灾情等级或灾级、灾害度评估对洪水灾害风险管理工作具有重要的指导意义。但是，洪水灾害涉及社会经济与自然环境等诸多因素，灾害损失统计难度较大，目前国内外尚无统一的洪灾评估指标体系和各灾情指标评价的洪灾等级标准。

2. 险情处置防治技术

根据管涌孕育机制，发展出了几种应急处置技术，分为汛期与非汛期管涌处置技术，而非汛期又有防渗墙与减压井。汛期管涌处置技术按照前堵后排的原则进行处理，采用弱透水性材料在迎水面进行封堵。目前国内在管涌抢险防护材料中已经有了新的进展，例如新型土工合成材料，该材料具有强度高、整体性好、适应性强等特点。非汛期的应急处置技术即在一些易出现管涌或比较重要的圩堤在非汛期的时候设置减压井或防渗墙来提升圩堤防洪能力，起到一个预防的作用。但这些技术研究不够深入，具有部分局限性，还需要不断优化。在圩堤溃口方面，国内对于溃口的口门以及水流形态关系进行了一定的研究，得出了水头差是溃口规模与口门最终形态的主要因素，河道流量和堤身填料影响溃口发展速度和口门最终形态。对于堵口技术，近几十年才开始有新进展，过去人们都是用传统堵口技术。20 世纪 90 年代经历了几次大洪水，学者们通过堵口实例吸取经验，对堵口抢险技术进行了探讨。其核心思想为逐步抛填逐步降低流速，即抛填物料稳定后降低流速，而流速降低后抛填物料稳定性进一步提高。初堵抛填物料的抗冲稳定性应满足初始流速条件，初堵后决口流速降低，全过程配合裹头防护等多项辅助措施，最终闭气成堤。

综上，近年来针对圩堤险情的应急抢险技术研究有了一定进展，对圩堤建设、监测预警、运行管理等方面的研究也在持续深入，并在实际应用中取得了一系列的成效。但洪灾评估与险情处置技术仍不够系统，尤其在抢险装置研发、洪灾评估和防治方面，采用的方法和手段仍较为原始，在处置效率及处置效果方面仍很难跟上险情发展的速度。因此，在提升洪灾态势评估、减灾模拟评估、险情处置等方面，有必要吸收先进的无人机、遥感等技术，以期更好地为圩堤险情防治提供了技术支撑。

1.2.4 洪涝灾害风险防控技术体系

洪涝灾害具有突发性的特点。江西省地形三面环山、中北部为平原，局部强雨多发频发、集水快，对洪涝灾害应急处置和各部门联动要求非常高，需要构建一套可供决策层、处置层和执行层协同合作的风险防控系统，以更有效地对突发自然灾害进行妥当的处理。

风险防控体系在国外一直备受重视，早期对这方面研究较好的有美国、俄罗斯和日本。该系统可以将各方面的人全部参与进来，形成以最高领导层进行决策、各分管部门协同配合、群众进行响应的高效响应体系。随着计算机技术和网络的快速发展，将信息化也运用到风险防控体系，大大提高了系统对于灾情的传递速度；并且丰富了系统内的数据库，将更多的因素考虑在内。如

1992 年法国研发的一套模拟污染物进入地表水系后扩散规律的模型，将其整合为一个软件包"SeauS"，为处置突发性污染事故提供决策支持。为了应对紧急情况和紧急响应工作的特定内容，美国将电子邮件系统、计划管理系统和报告系统与诸如 GIS 系统和有毒物质危害模型之类的专业系统相结合，开发出一种联邦紧急信息管理系统，用于指挥官的应急计划的准备，协调和响应。在 21 世纪初，欧盟开发了 E-Risk 系统。它基于卫星宽带传输技术，集成了语音、宽带卫星、数据网络和视频等多个系统，并与应急管理，调度和处理软件配合使用。该系统实现了多国合作、多专业合作，高效及时地启动应急工作。

在经历"非典"之后，我国开始意识到风险防控的重要性，风险防控技术开始发展。饶庆华等通过收集闽江流域的自然、社会基本信息和风险源信息，建立了基于 GIS 的环境信息空间管理系统，并将相关数学模型与 GIS 相结合，建立了污染分布时空模拟系统。灾害应急对策的监测平台和知识库提出了闽江流域突发性水污染事故预警和应急系统的框架。邹志文等分析了基于 GIS 和传统数据库的传统环境污染应急系统，并在此基础上提出了基于 WebGIS 的城市污染预警与应急系统的发展思路，将监视系统和风险源管理在 WebGIS 平台上集成。该系统，污染预测系统和风险防控系统有机地结合在一起，形成了一个新的集成应用系统，可以更好地预防和处理污染事故。辛琰采用 GIS 技术和短消息业务通信技术，开发了环境污染事故预警与应急指挥系统，该系统具有车辆管理、移动监控、信息查询与维护、辅助决策、专题图查询、数据库及用户等功能。经实践，该系统可以更好地适应环保预警和风险防控的新要求。

综上，洪涝灾害破坏强度大、持续时间长，但在洪涝灾害风险防控方面多依托于人力协调，能力和水平仍较为薄弱。因此，有必要结合洪灾预报、响应、监测、评估、处置和防治等多项关键技术，创建洪涝灾害风险防控技术体系，以全面提升洪涝灾害防御和应急处置能力。

1.3 研究思路

针对鄱阳湖洪涝灾害防汛抢险存在的鄱阳湖洪涝灾害水情变化与规律掌握难、洪水预报时空精度低、单退圩运用理论和经验缺乏、圩堤险情各类众多且孕育机制不明、防汛抢险技术体系缺乏、各类高新探测技术集成应用较弱等技术瓶颈，本书遵循防灾学、水文学、水力学、土力学和空间信息学等理论，紧密结合鄱阳湖洪涝灾害防御现状，将自然灾害风险管控理念引入洪灾应急抢险实践，深入开展洪涝灾害形成机制、水文情势精准研判与应急响应、圩堤险情孕育机制、洪灾应急监测与评估、险情处置与防治等科学发现和技术攻关，在系统集成创新的基础上，构建鄱阳湖洪涝灾害风险防控技术体系，全面系统地提升鄱阳湖洪灾防御水平，减少因洪涝灾害造成的人员伤亡和经济损失，并通过技术推广和转移扩散为全国各地提供示范和借鉴，以产生更大的社会效益、经济效益和生态效益（图 1.3-1）。

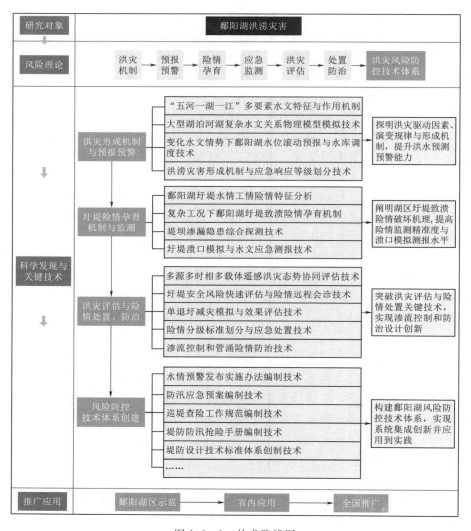

图 1.3-1　技术路线图

第 2 章

鄱 阳 湖 防 汛 概 况

2.1 基本概况

2.1.1 地理位置

鄱阳湖位于江西省北部、长江中游南岸,北纬 28°11′～29°51′,东经 115°49′～116°49′,是我国最大的淡水湖泊。它承纳赣江、抚河、信江、饶河、修河五大河(以下简称"五河")及博阳河、漳田河、潼津河等小支流之来水,经调蓄后由湖口注入长江,是一个过水型、吞吐型、季节性的湖泊。

鄱阳湖水系呈辐射状,流域面积 16.22 万 km²,涉及赣、湘、闽、浙、皖 5 省,其中江西省境内面积 15.67 万 km²,占整个鄱阳湖水系的 96.6%。由"五河"及各级支流,加上清丰山溪、博阳河、樟田河、潼津河等独流入湖的小河,以及其他季节性的小河溪流和鄱阳湖组成,以鄱阳湖为汇聚中心的辐聚水系,鄱阳湖水系涉及的范围南北长约 620km,东西宽约 490km,约占长江流域面积的 9%,入湖水沙过程由外洲、李家渡、梅港、虎山、渡峰坑和万家埠站(以下简称"五河六站")控制,湖泊出口控制站为湖口站。

2.1.2 地形地貌

鄱阳湖地貌由水道、洲滩、岛屿、内湖和汊港组成。水道分为东水道、西水道和入江水道。赣江在南昌市以下分为 4 支,主支在吴城与修河汇合,为西水道,向北至蚌湖,有博阳河注入;赣江南、中、北支与抚河、信江、饶河先后汇入主湖区,为东水道。东、西水道在渚溪口汇合为入江水道,至湖口注入长江。鄱阳湖洲滩有沙滩、泥滩、草滩 3 种类型。全湖有岛屿共 41 个,面积约 103km²,岛屿率为 3.5%,其中莲湖山面积最大为 41.6km²,最小的印山、落星墩面积都不足 0.01km²。鄱阳湖水下地形高程(以高程小于 22.00m 计算）均值为 12.6m，标准差为 2.88m，最低点高程为−8.27m，小于零高程的地段主要分布在与长江接口的 40km 处，呈 400m 宽的带状，水平面积为 4.7km²，主要是长期受长江进水口水力侵蚀的影响。鄱阳湖水下地形表现为北低南高，东部略低于西部，东西和北边较高，中间略低，呈一个向北开口的筲箕形。

2.1.3　水文气象

鄱阳湖具有"高水是湖，低水是河"的特点。洪、枯水期的湖泊面积、容积相差极大：湖口站历年实测最高水位为 22.59m（1998 年 7 月 31 日），相应通江水体（湖泊区＋青岚湖＋"五河"尾闾河道）面积为 3708km²、容量为 303.63 亿 m³；历年实测最低水位为 5.90m（1963 年 2 月 6 日），相应通江水体面积约为 28.7km²、容量为 0.63 亿 m³。鄱阳湖区范围为湖口水文站防洪控制水位为 22.50m 所影响的环鄱阳湖区，包括南昌、新建、永修、德安、庐山、湖口、都昌、鄱阳、余干、万年、乐平、进贤、丰城 13 个县（市）和南昌、九江两市，总面积为 26284km²，占鄱阳湖流域面积的 16.2%。

鄱阳湖地处东亚季风区，气候温和，雨量丰沛，属亚热带温暖湿润气候。湖区主要站点多年平均年降水量为 1387～1795mm，降水量年际变化较大，最大为 2452.8mm（1954 年），最小为 1082.6mm（1978 年）；年内分配不均，降水量最大的 4 个月（3—6 月）占全年降水量的 57.2%，最大的 6 个月（3—8 月）占全年降水量的 74.4%，冬季降水量全年最少。年平均蒸发量为 800～1200mm，约有一半集中在温度最高且降水较少的 7—9 月。湖区多年平均气温为 16～20℃。无霜期为 240～300d。湖区风向的年内变化，随季节而异，夏季（6—8）月多南风或偏南风，冬季和春秋季（9 月至次年 5 月）多北风或偏北风，多年平均风速为 3m/s。

2.1.4　河湖水系

鄱阳湖由赣江、抚河、信江、饶河、修河五大河汇流而入，此外，还有直接入湖的清丰山溪、博阳河、漳田河、潼津河等河流。鄱阳湖流域汇水面积为 16.22 万 km²，其中在江西境内的面积有 15.67 万 km²，占全省国土面积的 94%。江西省境内不属于鄱阳湖水系的主要河流主要有：直接汇入长江的南阳河、长河、太平河、襄溪水；汇入富水的双港河、洪港河；汇入洞庭湖水系的渌水、栗水、汩水；汇入珠江流域东江的寻乌水、定南水；汇入北江的浈水；汇入韩江的大柘水、富石河、差干河等。直接入江或流向省外河流的面积约占江西省面积的 6%。江西省多年平均河川径流量 1540 亿 m³，平均年径流深为 925.7mm。

鄱阳湖区众多，主要分布于"五河"下游尾闾地区、鄱阳湖湖滨地区及沿长江沿岸低洼地区。鄱阳湖是我国第一大淡水湖，接纳五大河来水经湖区调蓄后在湖口汇入长江。鄱阳湖为吞吐型、季节性湖泊，由众多的小湖泊组成，包括军山湖、青岚湖、蚌湖、珠湖、新妙湖等较大湖体。此外，湖面面积较大的湖泊主要还有：赤湖（80.4km^2）、太白湖（20.7km^2）、赛城湖（38.4km^2）、瑶湖（17.7km^2）、八里湖（16.2km^2）、洋坊湖（15km^2）等。

2.1.5 社会经济

鄱阳湖区水清土沃，资源丰富，物华天宝，自古以来为我国著名的鱼米之乡。传统上，鄱阳湖湖区是湖泊周边涉及南昌、九江、上饶 3 市的 13 县（市、区），为长江中下游五大平原之一，总面积 26284km^2，占江西省国土面积的 15.7%；是我国重要商品粮基地和江西省重要工业基地。湖区有耕地 55.56 万 hm^2，人口 1184 万人，分别占江西省的 26.5%、27.4%；粮食产量、生产总值分别占江西省的 29%、56%，在江西省及长三角经济带乃至全国都有极为重要的经济地位。

2.2 鄱阳湖洪水与洪涝灾害

鄱阳湖流域历史上就是大洪水多发地区，据江西省水利厅 1995 年编制的《江西省水旱灾害》统计，自有记载的最早大洪水年（381 年）至 1990 年的 1610 年间，共有 536 年发生洪水（灾），平均每 3 年一次，1800—1990 年则是平均每 1.4 年一次。1800 年以前的大洪水（灾）记载，散见于《水经注》《江西通志稿》《江西省气候史料》，以及各府志、州志、县志。其对洪水的记载不全面，1949 年中华人民共和国成立以后，水文、水利有关部门组织人员对鄱阳湖流域近 100 年的历史洪水进行了详细调查，在 20 世纪 50 年代初期建立了江西省水文观测站网，对洪水进行监测。鄱阳湖"五河"流域的调查历史大洪水和 1950 年以后的实测大洪水特性分述如下。

2.2.1 调查历史洪水

鄱阳湖流域的历史洪水经过 20 世纪 50—60 年代的详细调查，1979—1982 年的复审汇编、验收，于 1983 年正式出版了《江西省洪水调查资料》。

1．赣江

赣江洪水比较频繁，据调查资料，历史上大洪水有 1876 年、1899 年、1915 年、1922 年、1924 年，其中 1915 年是赣江上中游 1812 年以来的一次特大洪水，峡山站洪峰流量为 10100m^3/s，支流章江坝上站洪峰流量为 6060m^3/s，支流桃江居龙滩站洪峰流量为 6360m³/s；干流赣州、棉津、吉安、峡江站洪峰流量分别为 17700m³/s、21000m³/s、21400m³/s、23000m³/s。峡江站—丰城以 1876 年洪水为最大，樟树站洪峰流量为 22000m³/s；该河段第二大历史洪水是 1924 年，樟树站洪峰流量为 21100m³/s；1915 年洪水位列第三，樟树站洪峰流量为 21000m³/s。赣江流域出口外洲站以 1924 年洪水最大，洪峰流量为 24700m³/s；1901 年洪水位列第二，洪峰流量为 20800m³/s。

2. 抚河

历史上大洪水有 1854 年、1876 年、1912 年、1913 年、1942 年，其中干流从南城—李家渡和支流临水河段均以 1876 年洪水为最大，1912 年洪水第二大，上游广昌县则是以 1854 年洪水为最大。1876 年洪水在干流刁水站、廖家湾站、李家渡站的洪峰流量分别为 6170m³/s、8970m³/s、14480m³/s，支流娄家村站为 6490m³/s。

3. 信江

信江流域干流河段历史上大洪水有 1878 年、1935 年，1878 年中游弋阳水文站洪峰流量为 13700m³/s，下游梅港水文站洪峰流量为 18300m³/s。

4. 饶河

饶河的左支乐安河，历史上大洪水有 1882 年、1935 年，1882 年虎山站洪峰流量为 13000m³/s。饶河的右支昌江历史上大洪水有 1884 年、1916 年、1942 年，以 1884 年洪水为最大，该年渡峰坑水文站洪峰流量为 13000m³/s。

5. 修河

修河干流武宁—柘林河段历史上大洪水以 1901 年为最大，三共滩流量为 12700m³/s。修河支流潦河历史上大洪水以 1915 年为最大，万家埠站洪峰流量为 6690m³/s。

2.2.2 实测大洪水

中华人民共和国成立后，鄱阳湖流域几乎每年都发生局部洪涝灾害，较大洪涝灾害平均 3~5 年就发生一次。根据研究需要，本书针对 2000 年以前鄱阳湖流域发生的实测大洪水进行了详细分析，具体如下。

1. 赣江

1950 年后出现较大洪水有 1961 年、1962 年、1964 年、1968 年、1982 年、1994 年。上游以 1964 年为最大，赣州站洪峰水位 103.29m；中游以 1968 年为最大，吉安流量为 18800m³/s，水位 53.84m；下游外洲站以 1982 年水位 25.60m 为最高，相应流量为 20400m³/s。

2. 抚河

1950 年以后出现较大洪水有 1953 年、1954 年、1962 年、1968 年、1982

年、1989 年、1998 年，其中，1982 年、1998 年李家渡站实测流量分别为
8480m³/s、9950m³/s、11100m³/s，洪水还原后流量分别为 10200m³/s、
11000m³/s。

3. 信江

中华人民共和国成立后出现较大洪水有 1955 年、1973 年、1989 年、1992
年、1995 年、1998 年。洪峰流量以 1955 年为最大，梅港站流量为 13600m³/s，
水位 28.76m；洪峰水位以 1998 年为最高，梅港站水位 29.84m，流量为
13300m³/s。

4. 饶河

饶河的左支乐安河，中华人民共和国成立后洪水，上游以 1955 年为最大；
中下游则以 1967 年为最大，虎山站最大流量为 10100m³/s，水位 30.73m；
1998 年洪水为历史第二位，虎山站最大流量为 7640m³/s，水位 30.33m。饶
河的右支昌江中华人民共和国成立后洪水，1998 年渡峰坑水文站流量为
8600m³/s 为最大，水位 34.27m。

5. 修河

中华人民共和国成立后出现较大洪水有 1954 年、1955 年、1977 年、1983
年、1989 年、1993 年、1995 年、1998 年。洪峰流量以 1955 年最大，柘林水
文站流量为 12100m³/s，永修站水位 22.81m；受鄱阳湖高水位顶托影响，
1998 年永修站最高水位达 23.48m，为历史最高。1977 年，修河支流潦河出
现了约 100 年一遇洪水，万家埠站最高水位 29.63m，实测流量为 5600m³/s、
还原后流量为 8110m³/s。

6. 鄱阳湖、长江九江段

中华人民共和国成立后出现较大洪水有 1954 年、1983 年、1995 年、1996
年、1998 年、1999 年，以 1998 年水位为最高。1954 年湖口最高水位达
21.68m（吴淞高程，下同）；1983 年湖口最高水位 21.71m；1998 年湖口站实
测最高洪水位 22.59m，为当时有记录以来最高洪水位，沿湖区的湖口、星
子、德安等城市严重受淹。

2.2.3　洪涝灾害情况

江西河流均为雨洪型河流，每年 4—6 月为雨季。暴雨主要是由北方南
下的冷空气与西南暖湿气流交绥而形成。流域暴雨中心有多处，暴雨雨型较
多，不同的雨型形成不同量级的洪水。大暴雨往往引起山洪暴发，江河水位
上涨，造成洪水灾害。"五河"洪水在 4—6 月出现概率最大，"五河"尾闾
及鄱阳湖因受"五河"洪水和长江洪水顶托双重影响，7—9 月有江湖遭遇
性洪水发生。一般情况下，"五河"洪水发生于 7 月上旬以前。长江洪水多

发生于 7—9 月。当长江洪水提前或 "五河" 洪水拖后,则江湖洪水遭遇,造成滨湖地区严重的洪水灾害。

据历年洪灾资料统计,江西省受洪灾威胁的面积主要在赣、抚、信、饶、修等江河下游和鄱阳湖滨湖地区。

新中国成立前 20 年中,江西发生较大洪水灾害的年份有 1931 年、1933 年、1935 年、1937 年、1942 年、1948 年,新中国成立后洪水灾害日趋频繁,江西省共发生 21 次大洪水:1954 年、1955 年、1962 年、1964 年、1967 年、1968 年、1977 年、1982 年、1983 年、1989 年、1992 年、1994 年、1995 年、1996 年、1998 年、1999 年、2005 年、2010 年、2011 年、2016 年、2020 年。其中 1954 年、1998 年、2010 年、2016 年、2020 年发生了流域性大洪水,1998 年五大河同时发生了超历史大洪水,2010 年信、抚、赣三大河先后发生 50 年一遇的特大洪水。

1998 年江西省天气异常,鄱阳湖流域发生了继 1954 年以来又一次特大洪涝灾害,赣江、抚河、信江、饶河、鄱阳湖和长江相继超过历史最高水位,且长江、鄱阳湖水位长期居高不下,洪涝灾害范围之广、强度之大、损失之重、时间之长为新中国成立以来所罕见。景德镇、上饶、湖口、星子、德安等 35 个城市受淹,全省被洪水围困 413.53 万人次;5 条国道和 165 条省道、县道交通中断;浙赣铁路、鹰厦铁路和京九铁路多次中断。沿江滨湖地区大量重点圩堤发生大量泡泉、塌坡等重大险情,大批中小圩堤洪水漫顶,有 240 座保护农田 1000 亩❶以上的圩堤溃决,其中 5 万亩圩堤 3 座、1 万~5 万亩圩堤 20 座,而且内涝严重。据统计,江西全省共有 93 个县(市、区)、1786 个乡镇、2009.79 万人受灾。农作物受淹面积 58.44 万 hm²,成灾 123.47 万 hm²,绝收面积 81.65 万 hm²,损坏房屋 189.85 万间,倒塌 93.53 万间,因灾死亡 313 人,其中,水淹死 122 人、倒房或山体滑坡压死 173 人、雷击死亡 10 人、其他原因致使死亡 10 人。有 18378 家工矿企业停产,16737 家工矿企业部分停产。全省因灾造成直接经济损失 376.81 亿元,其中,水利工程直接经济损失 38.90 亿元。

2010 年抚河及赣江流域灾情较为严重:抚河唱凯堤决口,致使 5 个乡镇、56 个村委会、358 个自然村受淹,10 万余人受灾,受淹面积 84.2km²,堤内淹没平均水深 2.5~4.0m,直接经济损失 5 亿元;赣江 5 个县约 760 万人受灾,受淹城市 13 个,直接经济损失 143 亿元。

2011 年饶河大水,多处圩堤决口,景德镇和上饶两市共约 246 万人受灾,直接经济损失 59.6 亿元,其中水利设施直接经济损失 11.9 亿元。

---

❶ 1 亩 ≈ 667m²。

2016 年，江西省平均降水量 1947mm，比多年均值偏多 19％，遭遇多年少有的洪涝灾害。赣南出现罕见早汛，昌江、修河发生历史第二高洪水，部分支流洪水超历史，鄱阳湖出现高洪水位，超警戒时间持续 35d。

2020 年，江西省再次发生多次强降雨过程，特别是 6 月下旬以后，江西省大部持续降大到暴雨，受强降雨及长江中上游来水共同影响，鄱阳湖、赣江、修河、昌江、饶河多河流洪水超警戒并多次形成编号洪水，"五河"及鄱阳湖一周内接连 12 次编号洪水。仅 7 月，全省就有 77 站次超警戒，其中 16 站点超历史。鄱阳湖湖口站自突破警戒水位到最高水位仅用 6d；星子站超警戒后短短 8d，就超历史 0.11m，日均和单日最大涨幅，分别列历史第 1 位、第 2 位，且维持警戒以上长达 59d。受江河水位持续上涨和长时间高水位浸泡等影响，沿江滨湖地区堤防最大超警长度达 2531km，单日新增险情最多时达 264 处，日新增持续 9d 在 3 位数以上。有 3 座万亩以上圩堤溃口，湖区有效处置管涌、渗漏、塌坡、跌窝等较大以上险情 2075 处。洪涝灾害基本覆盖全省所有市县，共造成 903.7 万人受灾，直接经济损失 344.3 亿元。特别是 7 月以后，673.3 万人受灾，占全年 74.5％，需紧急生活救助人口 31.3 万人，农作物受灾 $741.7 \times 10^3 hm^2$、绝收 $191.7 \times 10^3 hm^2$，房屋倒塌、严重和一般损坏 6.08 万户、12.19 万间，直接经济损失 313.3 亿元。

受多种因素影响，鄱阳湖滨湖沿江地区受洪水威胁仍然较严重，防汛任务异常繁重，随着经济建设的发展以及社会财富的积累，洪涝灾害造成的经济损失将会更大，洪涝灾害对环境造成的不良影响也将增大，对防洪保安的要求也更高。洪涝灾害已成为制约该区域经济发展的主要因素之一。

2.3 鄱阳湖流域防洪工程体系

1998 年特大洪水后，江西省加大水利投入，通过一系列建设，形成了以水库、圩堤、平垸行洪、蓄滞洪区和非工程措施为一体的综合防洪工程体系。

2.3.1 水库工程

截至 2020 年 9 月，江西省有 10672 座注册登记水库，总数占全国的 1/9，仅次于湖南，其中，大型 30 座，中型 255 座，小（1）型 1469 座，小（2）型 8918 座。由于水库大多建于 20 世纪 50—70 年代，安全隐患多、工程质量差。2000 年以后，江西省开展了大规模病险水库除险加固工作。经鉴定有 10340 座水库列入除险加固规划，其中，大型水库 15 座，中型水库 209 座，小（1）型水库 1351 座，小（2）型水库 8765 座。同时还在"五河"干支流建成了峡江、浯溪口和山口岩等流域控制性水利枢纽工程，恢复和新增了防洪库容，提高了水库对中上游洪水的调蓄作用。

2.3.2　圩堤工程

鄱阳湖滨湖沿江区域筑堤历史悠久，按保护对象重要性，鄱阳湖圩堤划分为重点圩堤（保护农田 5 万亩以上或圩内有机场、铁路等重要设施）和一般圩堤（保护农田 1 万亩以下）。湖区现有圩堤 462 座，堤线长度 3563.6km，保护农田 756.2 万亩，保护人口 842.6 万人。其中重点圩堤 46 座，保护农田 497.1 万亩；1 万～5 万亩圩堤 41 座，保护农田 83.8 万亩。由于圩堤标准低，1986 年鄱阳湖圩堤治理一期工程开始实施。1998 年后，江西加快鄱阳湖区重点圩堤建设，先后实施了九江长江干堤加固整治、鄱阳湖区二期、赣抚大堤加固配套和"五河"尾闾疏浚等工程。

为减缓"人争水地，水致人灾"现象，1998 年洪水之后，国家提出"平垸行洪、退田还湖"治水思路，在长江中下游实施大规模的退田还湖工程。江西省退田还湖采取"单退"和"双退"两种方式："单退"即单退圩堤，低水种养，高水行洪，退人不退田；"双退"即双退圩堤，自然还湖为滩涂或水域，退人又退田。2007 年，江西退田还湖工程完工，共平退圩堤 417 座，其中单退圩 240 座，双退圩 177 座，蓄洪面积基本恢复到 1954 年的水平，恢复面积近 1174km²。鄱阳湖现有单退圩以保护农田面积 666.7hm² 为界，分别设置不同的进洪条件。

2.3.3　蓄滞洪区工程

为了抵御超标准洪水，鄱阳湖区设有康山、珠湖、黄湖、方洲斜塘 4 座国家级蓄滞洪区，总蓄洪面积 506.19km²，有效蓄洪容积 25.36 亿 m³，承担 25 亿 m³ 的分蓄洪任务。

鄱阳湖区蓄滞洪区运用条件为：当湖口水位达到 22.50m，并预报继续上涨时，首先运用康山蓄滞洪区，相继运用珠湖、黄湖、方洲斜塘蓄滞洪区蓄纳洪水。自设立蓄滞洪区以来，鄱阳湖蓄滞洪区尚未运用过。

2.4　鄱阳湖防汛短板

鄱阳湖是长江中下游洪涝灾害的重灾区和多发区，频繁的洪涝灾害危及湖区人民生命财产安全，严重地制约着湖区经济社会的发展，对洪涝灾害风险防控技术存在短板，主要问题集中表现在以下几个方面。

（1）鄱阳湖洪灾驱动因素、演变规律与形成机制不明，洪水预报预警能力有待提升。鄱阳湖承纳江西赣江、抚河、信江、饶河和修河"五河"来水，经调蓄后由湖口注入长江，当长江水位过高时又会形成倒灌现象，"五河"与长江来水都会对鄱阳湖水情产生影响。由于地势低洼，宣泄不畅，独特的江湖关系造成历史上鄱阳湖区洪涝灾害多发频发。鄱阳湖水情变化复杂，洪涝灾害形成机制不明，洪水预报时空精度不高，洪水预警与响应分级指标难于满足防汛需求。

（2）鄱阳湖区圩堤致溃险情破坏机理不确定，险情监测精度与溃口模拟测报水平不足。由于鄱阳湖滨湖圩堤数量和类型众多，水情、险情和工情复杂，长期以来，存在致溃险情孕育机制不明、险情隐患精准探测手段不多、溃口模拟和水文应急测报不准等难题，严重限制了圩堤险情的监测水平。

（3）鄱阳湖洪灾评估与险情处置仍采用传统技术，与社会经济快速发展需要及灾害风险防控理念转变不适应。鄱阳湖圩堤众多，防洪标准不一，且工况复杂，对险情发生的机理研究不透，影响因子数量和权重难于把握，圩堤险情发生概率分析难于定量评估，不能做到险情实时预测预警的防汛需求，导致常处于被动状态。多年来，鄱阳湖防洪抢险具有丰富的经验和"土办法"，但缺乏科学的理论依据，对什么样的险情采取什么样抢险措施，没有标准，没有形成各类抢险方法技术体系。鄱阳湖区单退圩洪水运用的研究非常少，缺乏有力的理论知识支撑，也缺乏运用经验的借鉴，当遇到特大洪水或超标准洪水时容易出现无法应对的局面。

（4）鄱阳湖洪涝灾害预报、响应、监测、评估、处置和防治等综合防控体系尚未形成。鄱阳湖洪涝灾害往往范围广、强度大、损失重、时间长，需要倾江西全省之力应对，甚至成为全国防汛主战场，因此急需将洪灾预报、响应、监测、评估、处置和防治等关键技术，通过系统集成创新，转化形成操作规范和技术标准，形成一个完整的鄱阳湖洪涝灾害风险防控技术体系，有效提升鄱阳湖洪灾防御和应急处置能力。

第 3 章

鄱阳湖洪灾形成机制与预警预报

鄱阳湖承纳江西赣江、抚河、信江、饶河和修河"五河"来水，经调蓄后由湖口注入长江，当长江水位过高时又会形成倒灌现象，"五河"与长江来水都会对鄱阳湖水情产生影响。由于地势低洼，宣泄不畅，独特的江湖关系造成历史上鄱阳湖区洪涝灾害多发频发。鄱阳湖水情变化复杂，洪涝灾害形成机制不明，洪水预报时空精度不高，洪水预警与响应分级指标难于满足防汛需求。本章主要针对鄱阳湖"五河—湖—江"多要素水文特征与作用机制，运用湖区不同站点系列水文资料分析了鄱阳湖水位变化规律，揭示了鄱阳湖水体具有曲面非线性特点，不同站点水位差有明显的年际周期性和年内季节性；运用遥感影像技术，阐明了鄱阳湖水位面积变化的曲面季节特征；采用大型鄱阳湖物理模型模拟技术，研究了三峡工程运行不同时期对鄱阳湖湖区水位的影响，为鄱阳湖汛期水情滚动预报与研判提供了有力的依据；利用回归分析等统计方法多元素分析了鄱阳湖洪涝灾害的孕育环境与致灾因子，探明了鄱阳湖流域洪水灾害的成因、尺度、强度、发生频次、环境效应和相互关系；利用水文频率法，首次将鄱阳湖洪水划为等级并揭示了洪水演变规律，基于洪灾形成机制与演变规律，提出了洪水四级应急响应体系，构建了鄱阳湖较为完善的洪灾形成机制与预警预报技术，为汛期发布预警、洪水分量级分区分段调度、预案运用和指挥决策提供了有力的支撑。

3.1 鄱阳湖水文特征

3.1.1 鄱阳湖水位年际变化特性

鄱阳湖水位涨落受"五河"及长江来水双重影响，洪、枯水期的水面、容积相差极大。鄱阳湖汛期为 4—9 月，长达半年之久，高洪水位多出现于 7—8 月。长江 7—9 月汛期间，水沙常倒灌入湖，是鄱阳湖江湖关系的重要特征之一。

鄱阳湖多年平均水位为 13.01m，湖口水文站最高水位为 1998 年 7 月 31 日的 22.59m（吴淞高程，下同），最低水位为 1963 年 2 月 6 日的 5.90m。年内水位变幅在 9.56～15.36m，绝对水位变幅达 16.69m。随水量变化，鄱阳湖水位升降幅度较大，具有天然调蓄洪水功能。因为水位变幅大，所以湖体面积变化也大。历年洪、枯水位下的湖体面积、容积相差极大，最大、最小湖体面积相差约 31 倍，湖体容积相差约 76 倍。1949 年在水位为 20.10m 时鄱阳湖面积为 5340km^2，以后主要由于人类活动影响，至 20 世纪 80 年代湖体面积缩小至 3992.7km^2，湖体容积为 295.9 亿 m^3；至 20 世纪 90 年代湖体面积缩小至 3572km^2，湖体容积为 280.5 亿 m^3。按枯水期水位 10.10m 计算，湖体面积为 556.6km^2，湖体容积为 9.2 亿 m^3。"高水似湖，低水似河""洪水一片，枯水一线"是鄱阳湖的自然地理特征。

鄱阳湖湖口水位与长江水位的高低决定了湖口位置是否发生倒灌：通常情况下，鄱阳湖湖口水位高于长江时，江水不倒灌入湖或阻碍湖水出湖；当长江水位较高时，江水将发生倒灌。据统计，1950—2015 年 66 年中鄱阳湖有 52 年发生倒灌，倒灌 132 次共 752d，平均每年倒灌水量约为 27.32 亿 m^3；最大倒灌流量为 13700m^3/s（1991 年 7 月 12 日），最大年倒灌量为 113.8 亿 m^3（1991 年），倒灌时星子站水位高于 16m 的时间占 75%，倒灌时间均发生在每年 6 月以后。鄱阳湖的大洪水基本上是由"五河"洪水遭遇长江洪水形成。当长江上、中游来水减少时，将拉动湖水出湖，退水加快，造成鄱阳湖枯水的提前。

根据水文测站分布及资料情况，鄱阳湖区水文情势变化分析时，选择星子、吴城、都昌、棠荫、康山 5 站作为水位代表站。根据湖区各站实测水位资料，鄱阳湖区各个站点不同统计时段年、月平均水位比较见表 3.1-1 和图 3.1-1、图 3.1-2，多年逐日平均水位比较见图 3.1-3。

从上述图表中可以看出，与 2002 年以前相比，2008—2018 年鄱阳湖区各代表站年、月平均水位有如下变化：

（1）星子站多年平均水位降低了 0.83m；月平均水位全年均降低，降低值为 0.05～2.48m，6 月降幅最小，10 月降幅最大；逐日平均水位全年均降低，8—10 月降低明显。

（2）吴城（赣江）站年均水位降低了 1.07m；月平均水位全年各月均降低，降低值为 0.09～2.29m，6 月降幅最小，10 月降幅最大；逐日平均水位全年均降低，8—10 月降低明显。

表 3.1－1　　鄱阳湖区各代表站不同统计时段年、月平均水位变化统计表

单位：吴淞/m

站点	时段	1月	2月	3月	4月	5月	6月	7月	8月	9月	10月	11月	12月	年平均
星子	1953—2002①	9.05	9.71	11.16	13.08	14.89	16.20	17.91	16.86	16.14	14.67	12.28	9.86	13.50
	2003—2018	8.88	9.06	10.85	12.06	13.97	15.96	17.25	16.10	14.58	12.36	10.71	9.33	12.61
	2008—2018②	8.89	8.94	10.76	12.26	14.08	16.15	17.50	16.20	14.27	12.19	10.98	9.62	12.67
	变化(②-①)	-0.16	-0.77	-0.40	-0.82	-0.81	-0.05	-0.41	-0.66	-1.87	-2.48	-1.30	-0.24	-0.83
吴城(赣江)	1953—2002①	11.84	12.29	13.30	14.64	15.87	16.86	18.30	17.28	16.61	15.21	13.28	12.02	14.80
	2003—2018	10.98	11.07	12.72	13.63	14.95	16.62	17.64	16.55	15.11	13.11	11.86	11.10	13.79
	2008—2018②	10.66	10.68	12.52	13.70	15.02	16.77	17.90	16.62	14.78	12.92	11.95	11.04	13.73
	变化(②-①)	-1.18	-1.61	-0.78	-0.94	-0.85	-0.09	-0.40	-0.66	-1.83	-2.29	-1.33	-0.98	-1.07
都昌	1953—2002①	10.52	11.27	12.36	13.70	15.05	16.09	17.63	16.62	15.96	14.50	12.37	10.78	13.91
	2003—2018	9.46	9.78	11.48	12.57	14.02	15.84	17.04	15.91	14.43	12.28	10.77	9.75	12.79
	2008—2018②	9.14	9.34	11.22	12.56	14.05	16.01	17.29	15.98	14.07	12.09	10.94	9.83	12.73
	变化(②-①)	-1.38	-1.93	-1.14	-1.14	-0.10	-0.08	-0.34	-0.64	-1.89	-2.41	-1.43	-0.95	-1.18
棠荫	1962—2002①	12.22	12.64	13.50	14.29	15.31	16.23	18.00	16.90	16.19	14.96	13.15	12.26	14.64
	2003—2018	11.75	12.14	13.28	13.86	14.70	16.11	17.12	16.07	14.74	13.07	12.20	11.86	13.92
	2008—2018②	11.73	12.08	13.29	13.92	14.73	16.30	17.40	16.15	14.41	12.94	12.45	12.22	13.98
	变化(②-①)	-0.49	-0.56	-0.11	-0.37	-0.58	0.07	-0.60	-0.75	-1.78	-2.02	-0.70	-0.04	-0.66
康山	1955—2002①	13.54	13.92	14.50	15.13	15.75	16.47	17.77	16.78	16.18	15.04	13.90	13.65	15.22
	2003—2018	13.18	13.55	14.41	14.83	15.35	16.42	17.18	16.18	15.09	13.76	13.50	13.30	14.72
	2008—2018②	13.16	13.37	14.42	14.85	15.34	16.58	17.45	16.22	14.76	13.71	13.58	13.59	14.75
	变化(②-①)	-0.28	-0.55	-0.08	-0.28	-0.41	0.11	-0.32	-0.56	-1.42	-1.33	-0.32	-0.18	-0.47

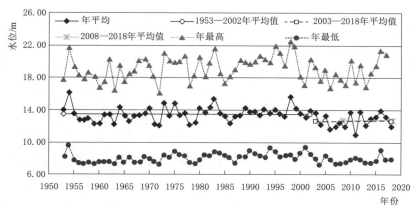

（a）星子站

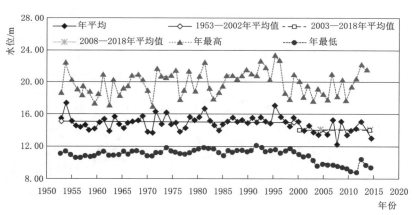

（b）吴城（赣江）站

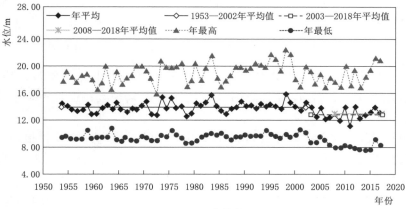

（c）都昌站

图 3.1-1（一）　鄱阳湖区各站点年平均水位统计值比较图

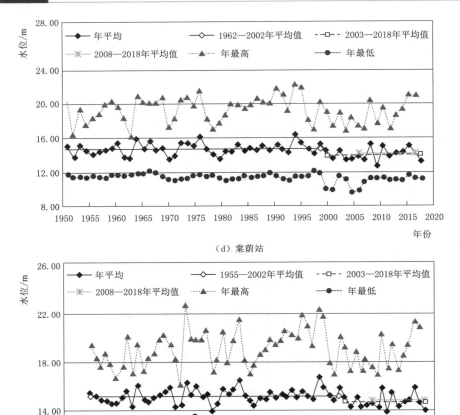

（d）棠荫站

（e）康山站

图3.1-1（二）　鄱阳湖区各站点年平均水位统计值比较图

（3）都昌站多年平均水位降低了 1.18m；月平均水位全年各月均降低，降低值为 0.08~2.41m，6 月降幅最小，10 月降幅最大；逐日平均水位全年均降低，8—10 月降低明显。

（4）棠荫站多年平均水位降低了 0.66m；月平均水位除 6 月抬高 0.07m 外，其余各月均降低，降低值为 0.04~2.02m，12 月降幅最小，10 月降幅最大；逐日平均水位 8—10 月降低明显。

（5）康山站多年平均水位降低了 0.47m；月平均水位除 6 月抬高 0.11m 外，其余各月均降低，降低值为 0.08~1.42m，3 月降幅最小，9 月降幅最大；逐日平均水位基本上全年均降低，7 月中旬至 10 月降低明显。

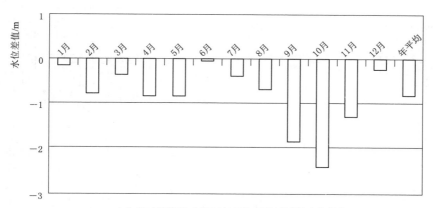

（a）星子站2008—2018年与1953—2002年月均水位差值

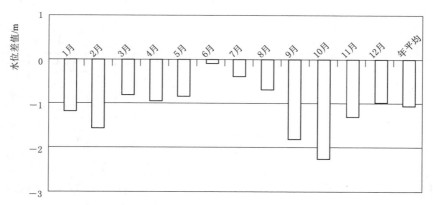

（b）吴城（赣江）站2008—2018年与1953—2002年月均水位差值

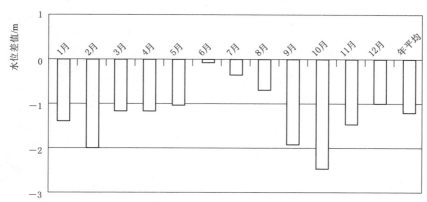

（c）都昌站2008—2017年与1953—2002年月均水位差值

图 3.1-2（一）　湖区各站点2008—2018年与2002年以前各月平均水位差比较图

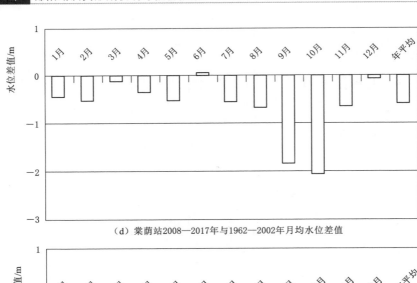

（d）棠荫站2008—2017年与1962—2002年月均水位差值

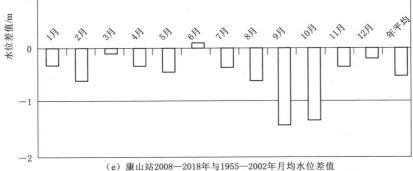

（e）康山站2008—2018年与1955—2002年月均水位差值

图 3.1-2（二）　湖区各站点2008—2018 年与 2002 年以前各月平均水位差比较图

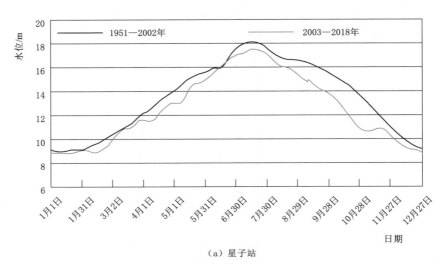

（a）星子站

图 3.1-3（一）　鄱阳湖湖区各站点逐日平均水位变化比较图

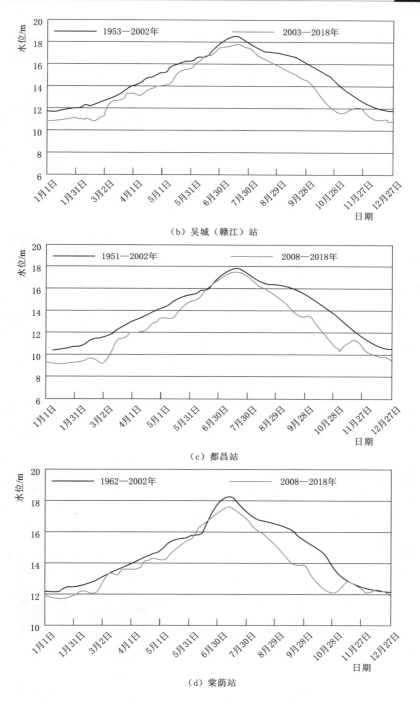

（b）吴城（赣江）站

（c）都昌站

（d）棠荫站

图 3.1-3（二）　鄱阳湖湖区各站点逐日平均水位变化比较图

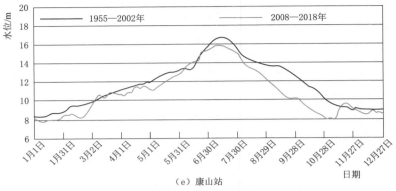

（e）康山站

图 3.1-3（三）　鄱阳湖湖区各站点逐日平均水位变化比较图

　　长江干流湖口站、鄱阳湖区各水位代表站 2008—2018 年与 2002 年以前系列的年、月平均水位变化比较见表 3.1-2 和图 3.1-4。

表 3.1-2　　　湖口站与湖区各站 2008—2018 年与 2002 年以前年、
月平均水位变化比较

月份	湖口站	星子站	吴城（赣江）站	都昌站	棠荫站	康山站
1	0.62	−0.15	−1.18	−1.38	−0.49	−0.29
2	0.44	−0.77	−1.61	−1.93	−0.56	−0.55
3	0.48	−0.40	−0.78	−1.14	−0.11	−0.08
4	−0.20	−0.81	−0.94	−1.14	−0.37	−0.29
5	−0.69	−0.81	−0.85	−0.99	−0.58	−0.41
6	0	−0.04	−0.09	−0.07	0.07	0.11
7	−0.35	−0.41	−0.40	−0.34	−0.60	−0.33
8	−0.69	−0.67	−0.66	−0.64	−0.75	−0.56
9	−1.94	−1.87	−1.83	−1.88	−1.78	−1.42
10	−2.55	−2.49	−2.29	−2.42	−2.02	−1.33
11	−1.27	−1.31	−1.33	−1.44	−0.7	−0.32
12	−0.01	−0.24	−0.98	−0.94	−0.05	−0.17
年均	−0.51	−0.83	−1.07	−1.18	−0.66	−0.47

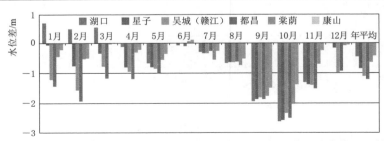

图 3.1-4　湖口站及湖区各站 2008—2018 年与 2002 年以前月均水位差比较图

从图 3.1-4 中可以看出，受三峡等水库补水影响，湖口站 1—3 月水位升高，但湖区各站仍表现为降低；各站 6 月水位基本持平，抬高、降低幅度均很小；年平均水位、1—3 月月均水位降低值呈马鞍状，基本以湖区中间的都昌站最大，康山站为最小；各站 7—8 月月均水位降低值接近，9 月、10 月各站水位降幅显著，棠荫以北各站 10 月月均水位降低值在 2.0m 以上。

总体来说，星子站以上的鄱阳湖区，受河道冲刷和水库调度运用等影响，各站年均水位都有不同程度降低；从年内变化来看，受三峡等水库蓄水影响，9—10 月各站水位降低明显，除康山站外，各站水位降低幅度最大均出现在 10 月；1—3 月受三峡水库的补水作用，湖口站的水位抬高，但湖区各代表站的水位不升反降，且都昌站降低幅度最大，主要是入江水道河床下切及河床采砂，尤其是松门山附近受采砂影响河床下切严重影响造成的。

3.1.2　鄱阳湖各水文站水位差变化特性

为了解鄱阳湖水体面积与水位、季节的关系，收集了鄱阳湖区水文测站的每日水位信息，包括星子、湖口、康山、都昌、吴城等站点，分析各测站间水位变化的同步性，以及各测站同期水位差与季节的关系。鄱阳湖各水文站点分布如图 3.1-5 所示。

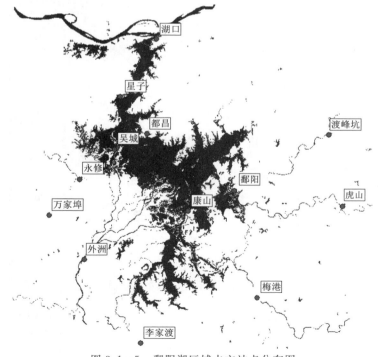

图 3.1-5　鄱阳湖区域水文站点分布图

1. 湖口-星子同期水位差与星子水位关系分析

1993 年以来的水文数据中，湖口与星子站的水位信息记录最全，因此优先选用这两个站的数据进行分析。湖口-星子同期水位差随星子水位变化的关系如图 3.1-6 所示，康山-星子同期水位差、吴城-星子同期水位差随星子水位变化的关系如图 3.1-7 和图 3.1-8 所示。

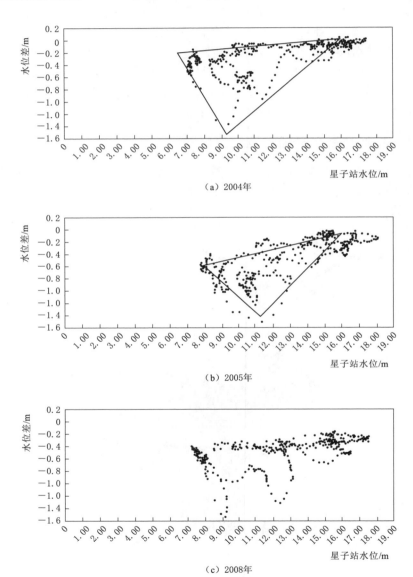

（a）2004 年

（b）2005 年

（c）2008 年

图 3.1-6   湖口-星子同期水位差随星子水位变化的关系

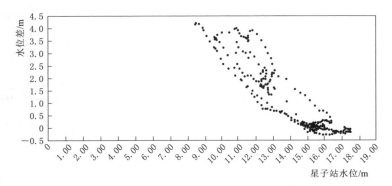

图 3.1-7　康山-星子同期水位差随星子水位变化的关系

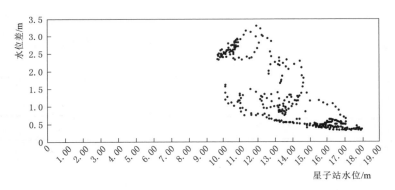

图 3.1-8　吴城-星子同期水位差随星子水位变化的关系

从图 3.1-6 中可看出，星子水位越高，湖口-星子同期水位差越小。星子水位低于 15.00m 时湖口-星子水位差浮动范围较大，可达到 3.5m，且分布较分散；水位高于 15.00m 时，湖口-星子水位差浮动范围较小，大多数在 ±0.5m 以内。各年份湖口-星子同期水位差值在中低水位（＜15.00m）时形成"倒三角"，具有比较明显的"三边"特性，即中低水位时，尤其是 9.00～15.00m 范围内，湖口-星子同期水位差随水位的增加有两种变化趋势，其一如线性减小的"上边界"，其二为先增大后减小的"下边界"，到 15.00m 水位以上同期水位差趋于稳定。

2. 各测站与星子站同期水位偏差随季节变化的分析

分别计算 1993 年以来湖口、都昌、康山、吴城与星子同期水位差（部分水文数据记录不全），分析各站年内同期水位差，以确定星子水位相同情况下鄱阳湖水面面积随季节的变化规律。鄱阳湖区部分水文站水位与星子站同期水位差年内变化情况如图 3.1-9 和图 3.1-10 所示。

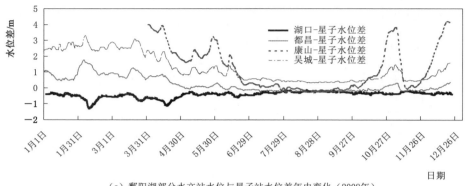

（a）鄱阳湖部分水文站水位与星子站水位差年内变化（2008年）

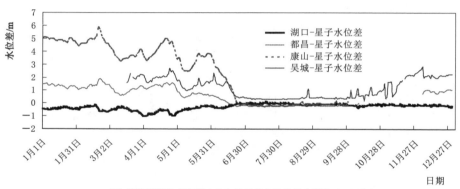

（b）鄱阳湖部分水文站水位与星子站水位差年内变化（2007年）

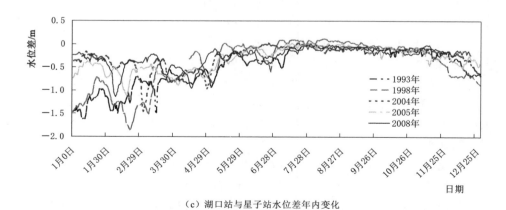

（c）湖口站与星子站水位差年内变化

图 3.1-9　鄱阳湖部分水文站水位与星子站水位差年内变化

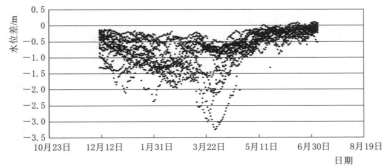

（a）12月中下旬至次年7月上旬湖口-星子同期水位差

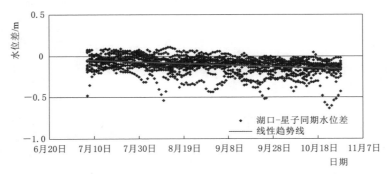

（b）7月上旬至10月中下旬湖口-星子同期水位差与日期关系

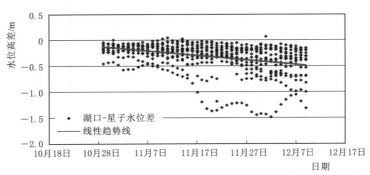

（c）10月中下旬至12月上中旬湖口-星子同期水位差

图 3.1-10　湖口-星子同期水位差季节分段规律

　　从图 3.1-9 可见：7—10 月，各个水文站水位与星子站同期水位差都比较小，其余月份的同期水位差都有不同程度的差异，在 12 月底和 1—5 月，各个水文站水位与星子站同期水位差较大。

　　从图 3.1-10 上看，同期水位差随日期推移的变化在全年中均具有连续性，根据湖口-星子水位差值的大小，可大致划分为以下 3 个部分：12 月中下旬至次年 7 月上旬为一部分，该部分湖口-星子水位差变化范围较大，变幅在 -0.3～3.5m 之间，虽随日期的增长呈连续性变化，但无明显变化规律；7 月上旬至 10 月中下旬为第二部分，该部分湖口-星子水位差较小，一般在 ±0.2m 左右，有少部分超过 ±0.4m；10 月中下旬至 12 月上中旬为第三部分，该部分湖口-星子水位差变化范围不大，水位差值大多在 ±0.5m 左右，并随日期推移有增大的趋势。

通过上述分析可以看出，湖口-星子同期水位差不仅仅与水位有关，与季节也存在一定的相关性。图 3.1-11 为 2007 年湖口-星子同期水位差与星子站水位的关系图，从图 3.1-11 中可看出：

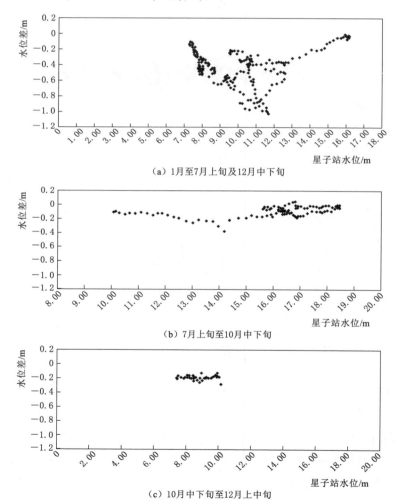

（a）1月至7月上旬及12月中下旬

（b）7月上旬至10月中下旬

（c）10月中下旬至12月上中旬

图 3.1-11　2007 年湖口-星子同期水位差与星子站水位关系分段散点图

（1）7月上旬至10月中下旬，星子站水位在14.00m以上，湖口-星子同期水位差与星子水位无强相关性，湖口-星子同期水位差浮动小而平稳。

（2）10月中下旬至12月上中旬湖口-星子同期水位差与星子站水位关系图中，同期水位差随星子水位的增加而趋于减小，线性关系较明显，犹如上述"倒三角"的"上边界"。

（3）1月至7月上旬及12月中下旬湖口-星子同期水位差与星子站水位关系图中，同期水位差随星子水位的增加，先增大后减小，构成"倒三角"的"下边界"。

3. 湖口-星子同期水位差年际变化

从鄱阳湖部分水文站水位与星子站同期水位差年内变化图中可看出，各水文站水位与星子站同期水位差的年内变化趋势基本相同，由于存在数据缺失的情况，在分析同期水位差年际变化时，选用数据较齐全的湖口站数据与星子站数据进行比较，绘制了湖口-星子同期水位差年际变化图，如图3.1-12所示。

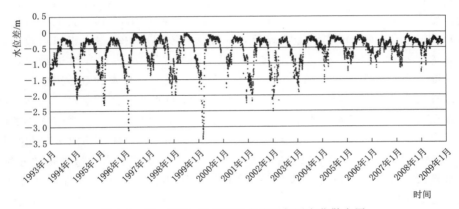

图3.1-12　湖口-星子同期水位差年际变化散点图

从图3.1-12中可看出，湖口-星子同期水位差季节性比较强，有明显的波动性；2003年以前，湖口-星子同期水位差变化幅度较大，特别是1996年和1998年变动幅度最高达3m。2003—2008年，湖口-星子同期水位差变幅较小，且有减小的趋势。

由上述分析可以看出，由于各水文站水位变化的不同步性，造成不同的季节同一个测站即使水位相同，湖体面积存在差异的现象：

（1）1月至7月上旬及12月中下旬，湖口水位较星子水位低，湖中部水位较湖口区高，且该时段内同期水位差幅度最大。

（2）7 月上旬至 10 月中下旬，该时间段湖口-星子同期水位差的差异较小；单个测站的水位数据可近似代表整个鄱阳湖的水位。可以认为星子站水位相同时鄱阳湖的面积也相同。

（3）10 月中下旬至 12 月上中旬湖口-星子同期水位差介于前两者之间，这种水位的差异表现在年内相同水位、不同季节的鄱阳湖水体淹没范围有别。

因此，1 月至 7 月上旬及 12 月中下旬，即使星子站水位数据与 10 月中下旬至 12 月中上旬观测的水位数据相同，前者的鄱阳湖的面积仍可能比后者大。

鄱阳湖面积的这种变化，其主要原因除了水位有明显的季节变化之外，鄱阳湖形态对水位也有显著影响，以及星子站位置、退水和涨水过程中鄱阳湖的供水变化的影响。鄱阳湖水位的沿程变化与星子站呈相反变化，即星子站水位 18.00m 以上时，鄱阳湖水位落差很小（0.1m 以下）；星子站水位 10.00m 以下时，湖泊水位落差较大（2.0m 以上）；特别是水位退至 9.00m 以下时落差达 4m 以上。高水位时湖面广阔，不仅调蓄作用大，而且受长江的顶托和倒灌，湖流为顶托型或倒灌型；枯水时湖水落槽，湖流明显改变，近似河流特性，水位依主槽坡降重力作用而变化，落差较大。由逐日水位落差资料分析发现，星子站低水位时（17.00m 以下），在水位相同的情况下，涨水段（1—6月）与退水段（8—12月）差异显著，一般涨水段的水位落差大于退水段。星子站水位 8~12m 时，落差逐渐增大，星子站水位至 12~13m 时达最大，以后逐渐减小。鄱阳湖水位的变化，还受"五河"及长江来水的双重影响，水位年过程线有两种基本形式：单峰型和双峰型。单峰型水位过程是在"五河"洪水推迟，长江洪水提前，两者相遇；或"五河"洪水很长，长江洪水很小的情况下出现。洪峰水位即是年最高水位，一般出现在 6—7 月（其中出现在 7 月的占 82.4%）。近 40 年中属于单峰型的占 42.5%。双峰型水位过程是"五河"洪水较长、长江水位较迟，两者不相遇的情况下出现的。第一个峰是"五河"洪水造成的，一般出现在 5—6 月，其中为年最高水位的占双峰年数的 39.1%；第二个峰是长江洪水倒灌入湖造成的，一般出现在 7—9 月，为年最高水位的占双峰型年数的 60.9%。在长江中下游进入稳定退水期后，鄱阳湖才会出现稳定退水。退水快慢主要取决于流域内（包括河网区）水量补给状况。

3.2　河湖水文关系模拟

3.2.1　物理模型模拟

三峡工程运行改变了长江中下游来水过程，对鄱阳湖出流和湖区水位造成了一定影响。因此开展物理模型试验研究典型特征年份三峡工程预泄期、蓄水期和枯水发电期运行对鄱阳湖水情的影响，预测三峡工程不同时期湖区水位、面积变化过程和趋势，特别是对洪水期鄱阳湖水情预测研判能提供有力的依据。

3.2.1.1　试验边界条件

根据三峡工程运行前的长系列 1952—2002 年期间各站多年平均流量的统计分析，长江沿程各站年平均流量在此期间没有明显增加或减少的趋势。根据统计分析结果，拟选择近期 1981—2002 年作为典型年的备选系列；针对鄱阳湖区的研究，选取的典型年侧重于考虑汉口站和鄱阳湖"五河"的水文特征，按长江干流及"五河"枯、中、丰水特征分别选取 1986 年、2000 年、1998 年作为对湖区影响显著的典型水文年（表 3.2-1）。

表 3.2-1　　　　　　　　　　典型年水文特征统计

典型年	项　目	长江上游	洞庭湖水系		长江中游	鄱阳湖水系	
		宜昌	四水	七里山	汉口	"五河"	湖口
1986年	枯、中、丰水特征	枯水年	枯水年	枯水年	枯水年	枯水年	枯水年
	年均流量/(m³/s)	12098	—	6297	18720	—	3130
	占多年均值比例/%	88.6	—	68.5	83.0	—	66.1
2000年	枯、中、丰水特征	中水年	中水年	中水年	中水年	中水年	中水年
	年均流量/(m³/s)	14900	5282	8189	23464	3294	4502
	占多年均值比例/%	109.1	98.7	89.1	104.1	93.6	95.1
1998年	枯、中、丰水特征	丰水年	丰水年	丰水年	丰水年	丰水年	丰水年
	年均流量/(m³/s)	16592	6975	12675	28754	5950	8392
	占多年均值比例/%	121.4	130.4	138.0	127.5	169.1	177.3
多年平均（1952—2006年）		13662	5351	9187	22549	3518	4734

根据宜昌至大通河段江湖河网一维非恒定流数学模型的计算成果，确定鄱阳湖模型试验进出口试验条件。数学模型计算方案包括：①三峡工程运行前方案：基于各典型年宜昌站实测流量过程，不考虑三峡工程的调度，在现状地形上（长江干流为 2006 年实测地形，鄱阳湖区为 1998 年实测地形，下同），采用江湖河网一维非恒定流数学模型，进行长江至大通河段（含洞庭湖和鄱阳湖）的江湖水流演进计算；②三峡工程运行后方案：基于各典型年宜昌站实测流量过程，考虑按初步设计阶段确定的三峡工程调度方案的运行调度，在现状

地形上,采用江湖河网一维非恒定流数学模型,进行长江至大通河段(含洞庭湖和鄱阳湖)江湖水流演进计算。

　　三峡工程运行前后的宜昌站 1986 年、2000 年、1998 年(枯、中、洪)流量过程如图 3.2-1 所示,三峡工程运行对长江中下游流量过程产生了一定影响。模型试验进口、出口边界条件由计算成果提供:①三峡工程运行前方案,模型试验的长江干流进口流量、出口水位分别采用不考虑三峡工程运行时数学模型计算得到的 CJ1 断面的流量和 CJ5 断面的水位成果,"五河"流量采用同步实测水文资料;②三峡工程运行后方案,模型试验的长江干流进口流量、出口水位分别采用考虑三峡工程运行后数学模型计算的 CJ1 断面的流量和 CJ5 断面的水位成果,"五河"流量采用同步实测天然资料。

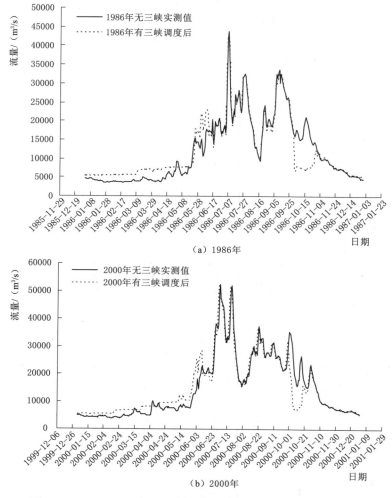

(a) 1986 年

(b) 2000 年

图 3.2-1(一)　　三峡工程运行前后的宜昌站各典型年流量过程

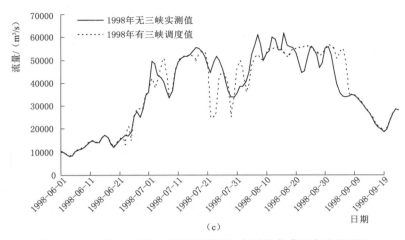

图 3.2-1(二)　　三峡工程运行前后的宜昌站各典型年流量过程

3.2.1.2　试验工况

为了研究三峡工程运用初期长江与鄱阳湖的江湖关系，揭示鄱阳湖江湖间水动力相互影响的内在机理，选取对鄱阳湖水情影响显著的典型水文年，通过鄱阳湖定床模型重点研究三峡工程运用前后不同时期（预泄期、蓄水期和枯水发电期）长江水情变化对湖区水位影响规律。

根据三峡工程调度方案和数学模型计算结果：一方面，分别选择预泄期和蓄水期三峡工程运行前后长江进口平均流量、长江出口平均水位、湖口平均流量作为边界条件，反映三峡工程运行后长江在预泄期和蓄水期的水情的总体变化情况；另一方面，从三峡工程运行前后长江出口日均水位变化数据中，找出预泄期和蓄水期长江出口水位变化的最大值，将当日的长江、湖口水情作为边界条件，反映预泄期和蓄水期湖区水流运动的极端个别情况；另外，1986年、1998年和2000年的枯水期三峡工程运行将增大下泄流量，进行枯季补偿调度，将对鄱阳湖区的水位产生影响，故选择流量最枯的1月、2月资料，分别找出三峡工程运行前长江出口水位最低值、长江进口流量最小值和三峡工程运行后长江出口水位变化最大值三种工况，将当日的长江、湖口水情作为边界条件，模拟枯水期湖区水流运动情况，反映长江水情变化对鄱阳湖水位的影响范围及幅度。具体试验工况详见表3.2-2。

3.2.1.3　三峡工程运用对鄱阳湖水位的影响

1. 预泄期

根据三峡工程调度方案，5月底坝前水位需下降到155.00m，6月10日水位需下降到145.00m，5—6月上旬水库将加大出流，使得鄱阳湖水位在一定程度上增加（见表3.2-3）。

表 3.2-2　典型年预泄期、蓄水期和枯水期定床模型试验工况

典型年	工况			三峡工程运行前			三峡工程运行后		
				流量/(m³/s)		水位/m	流量/(m³/s)		水位/m
				长江进口	湖口	长江出口	长江进口	湖口	长江出口
1986 年（枯水年）	预泄期（5 月 25 日—6 月 10 日）	ΔH_{max}=0.89m	（6 月 8 日）	20918	3820	9.77	23635	3820	10.66
		ΔH_{avg}=0.35m	（平均值）	19390	3539	9.36	20577	3539	9.71
	蓄水期（10 月 1 日—10 月 31 日）	ΔH_{max}=-3.57m	（10 月 24 日）	20988	1540	9.84	11294	1540	6.27
		ΔH_{avg}=-2.14m	（平均值）	21884	2230	10.36	14935	2230	8.22
	枯水期（1 月 1 日—2 月 28 日）	最低水位	（2 月 5 日）	7890	922	4.85	8830	922	5.50
		最小流量	（2 月 1 日）	7111	1040	4.94	8592	1040	5.51
		最大水位差	（2 月 20 日）	7611	1540	4.94	8761	1540	5.66
1998 年（丰水年）	预泄期（5 月 14 日—6 月 14 日）	ΔH_{max}=1.13m	（6 月 12 日）	24687	6680	11.72	28831	6680	12.85
		ΔH_{avg}=0.90m	（平均值）	28517	6718	12.23	30328	6718	13.13
	蓄水期（10 月 1 日—11 月 14 日）	ΔH_{max}=-2.13m	（10 月 23 日）	24562	5500	12.18	21262	5500	10.05
		ΔH_{avg}=-1.18m	（平均值）	24528	6448	12.39	19932	6448	11.21

续表

典型年	工况			三峡工程运行前 流量/(m³/s) 长江进口	潮口	水位/m 长江出口	三峡工程运行后 流量/(m³/s) 长江进口	潮口	水位/m 长江出口
1998 年（丰水年）	枯水期（1月1日—2月28日）	最低水位	（1月1日）	15464	6600	8.49	15540	6600	8.48
		最小流量	（1月6日）	12386	6750	8.94	13002	6750	9.05
		最大水位差	（2月21日）	12677	8780	9.23	14849	8780	9.94
	预泄期（5月25日—6月10日）	$\Delta H_{max}=1.03\text{m}$	（6月10日）	28248	5190	11.90	34067	5190	12.93
		$\Delta H_{avg}=0.85\text{ m}$	（平均值）	19973	4482	9.85	24032	4482	10.70
	蓄水期（10月1日—10月31日）	$\Delta H_{max}=-2.89\text{m}$	（10月22日）	30574	5440	13.29	21262	5440	10.40
		$\Delta H_{avg}=-1.56\text{m}$	（平均值）	34513	4273	13.57	27016	4273	12.01
2000 年（中水年）	枯水期（1月1日—2月29日）	最低水位	（2月18日）	8387	1830	5.57	10076	1830	5.95
		最小流量	（2月17日）	8170	1660	5.58	9826	1660	5.99
		最大水位差	（2月29日）	10197	2940	6.55	11903	2940	7.31

表 3.2 - 3   预泄期三峡工程运行前后鄱阳湖水位差情况

典型年	工 况	各站水位差/m			
		都昌站	星子站	湖口站	长江尾门
1986 年	最大水位差（6 月 8 日）	0.30	0.60	0.83	0.89
	平均值	0	0.10	0.35	0.35
2000 年	最大水位差（6 月 10 日）	0.63	0.79	0.94	1.03
	平均值	0.40	0.65	0.83	0.85
1998 年	最大水位差（6 月 10 日）	0.96	1.02	1.11	1.13
	平均值	0.60	0.70	0.81	0.90

注 表中数值为三峡枢纽运行前后的水位差，"＋"表示三峡枢纽运行后水位抬高。

从表 3.3 - 2 中可以看出，1986 年、1998 年和 2000 年典型水文年条件下，长江尾门水位受枢纽预泄期运行的影响，尾门水位抬高，不同水文年水位抬高幅度不同，丰水年＞中水年＞枯水年。丰水年、中水年和枯水年水位抬高幅度平均值分别为 0.90m、0.85m、0.35m；水位抬高最大值分别为 1.13m、1.03m、0.89m。

长江尾门水位抬高引起湖口及湖区各站水位不同程度的抬高，鄱阳湖区各站水位抬高最大幅度在 0.30～1.11m 之间，平均水位抬高幅度在 0～0.83m 之间。不同水文年水位抬高幅度也不同，丰水年＞中水年＞枯水年。例如星子站平均值水位抬高幅度：1998 年（丰水年）为 0.70m，2000 年（中水年）为 0.65m，1986 年（枯水年）为 0.10m。从湖口向湖区方向，水位抬高幅度逐渐减小。湖口站、星子站和都昌站水位抬高幅度：1998 年平均值分别为 0.81m、0.70m 和 0.60m，水位抬高最大值分别为 1.11m、1.02m 和 0.96m；2000 年平均值分别为 0.83m、0.65m 和 0.40m，水位抬高最大值分别为 0.94m、0.79m 和 0.63m；1986 年平均值分别为 0.35m、0.10m 和 0m，最大值分别为 0.83m、0.60m 和 0.30m。

2. 蓄水期

10 月三峡工程开始蓄水，蓄水期间流量比三峡工程调度前流量减少，相应鄱阳湖水位下降（见表 3.2 - 4）。

表 3.2 - 4   蓄水期三峡工程运行前后鄱阳湖水位差情况

典型年	工 况	各站水位差/m			
		都昌站	星子站	湖口站	长江尾门
1986 年	最大水位差（10 月 24 日）	−2.58	−2.78	−3.57	−3.57
	平均值	−0.94	−1.58	−2.1	−2.14
2000 年	最大水位差（10 月 23 日）	−2.02	−2.45	−2.88	−2.89
	平均值	−0.84	−1.15	−1.52	−1.56

典型年	工 况	各站水位差/m			
		都昌站	星子站	湖口站	长江尾门
1998 年	最大水位差	−1.39	−1.7	−2.11	−2.13
	平均值	−0.58	−0.94	−1.12	−1.18

注 表中数值为三峡枢纽运行前后的水位差,"−"表示三峡枢纽运行后水位下降。

从表 3.2-4 中可以看出,在 1986 年、1998 年和 2000 年典型水文年条件下,长江尾门水位受枢纽蓄水运行的影响,尾门水位下降,不同水文年下降幅度不同,丰水年<中水年<枯水年,丰水年、中水年和枯水年水位下降幅度平均值分别为−1.18m、−1.56m 和−2.14m,最大值分别为−2.13m、−2.89m 和−3.57m。

长江尾门水位下降引起湖口及湖区各站水位不同程度的下降,鄱阳湖区各站水位下降最大幅度在 1.39～3.57m 之间,平均水位抬高幅度在 0.58～2.1m 之间。不同水文年下降幅度也不同,丰水年<中水年<枯水年。例如星子站平均值水位变化幅度:1998 年(丰水年)为−0.94m,2000 年(中水年)为−1.15m,1986 年(枯水年)为−1.58m。从湖口向湖区方向,湖区水位下降幅度逐渐减小,湖口站、星子站和都昌站水位变化幅度:1998 年平均值分别为−1.12m、−0.94m 和−0.58m,最大值分别为−2.11m、−1.7m 和−1.39m;2000 年平均值分别为−1.52m、−1.15m 和−0.84m,最大值分别为−2.88m、−2.45m 和−2.02m;1986 年平均值分别为−2.1m、−1.58m 和−0.94m,最大值分别为−3.57m、−2.78m 和−2.58m。

3. 枯水发电期

1—2 月为长江枯季,宜昌上游来流小于三峡工程发电保证出力所需流量,经三峡工程调节后下泄流量相比三峡工程运用前增大,导致鄱阳湖各站水位有所抬高(见表 3.2-5)。

表 3.2-5 　　　　枯水期三峡工程运行前后鄱阳湖水位差情况

典型年	工 况	各站水位差/m			
		都昌站	星子站	湖口站	长江尾门
1986 年	最低水位(2月5日)	0	0.18	0.63	0.65
	最小流量(2月1日)	0	0.17	0.55	0.57
	最大水位差(2月20日)	0	0.24	0.70	0.72
2000 年	最低水位(2月18日)	0	0.20	0.36	0.38
	最小流量(2月17日)	0	0.20	0.41	0.41
	最大水位差(2月29日)	0.15	0.51	0.73	0.76

典型年	工　况	各站水位差/m			
		都昌站	星子站	湖口站	长江尾门
1998 年	最低水位（1月1日）	0	0	−0.01	−0.01
	最小流量（1月6日）	0	0.04	0.08	0.11
	最大水位差（2月21日）	0.32	0.60	0.69	0.71

　　注　表中数值为三峡枢纽运行前后的水位差，"＋"表示三峡枢纽运行后水位抬高，"−"表示三峡枢纽运行后水位下降。

　　从表3.2-5中可以看出，在1986年、1998年和2000年典型水文年条件下，长江尾门水位受枢纽枯水期运行的影响，尾门水位抬高，不同水文年水位抬高幅度不同，丰水年＜中水年＜枯水年。丰水年、中水年和枯水年水位抬高幅度，在枯水期最低水位和最小流量条件下水位抬高幅度分别为−0.01m和0.11m、0.38m和0.41m以及0.65m和0.57m；在最大水位差条件下水位抬高幅度较大，丰水年、中水年和枯水文年水位抬高幅度分别为0.71m、0.76m和0.72m。

　　长江尾门水位抬高引起湖口及湖区各站水位不同程度的变化，湖区水位变化幅度范围为−0.01～0.73m。不同水文年水位抬高幅度不同，湖口站水位抬高幅度变化与长江尾门水位抬高幅度变化一样，为丰水年＜中水年＜枯水年，如最低水位和最小流量工况下水位变化幅度：1998年为−0.01m和0.08m、2000年为0.36m和0.41m、1986年为0.63m和0.55m。从湖口向湖区方向，湖区水位抬高幅度逐渐减小，由于入江水道不同水位水面比降不同，星子站水位因湖口水位抬高顶托引起的抬高幅度规律有所差异，星子站上游湖区各站水位抬高基本消失。湖口站、星子站和都昌站水位变化幅度：1998年在最低水位工况下分别为−0.01m、0m和0m，在最小流量工况下分别为0.08m、0.04m和0m，在最大水位差工况下分别为0.69m、0.60m和0.32m；2000年在最低水位工况下分别为0.36m、0.20m和0m，在最小流量工况下分别为0.41m、0.20m和0m，在最大水位差工况下分别为0.73m、0.51m和0.15m；1986年在最低水位工况下分别为0.63m、0.18m和0m，在最小流量工况下分别为0.55m、0.17m和0m，在最大水位差工况下分别为0.70m、0.24m和0m。

3.2.2　鄱阳湖水体面积与容积遥感监测

　　鄱阳湖一般4—6月为"五河"主汛期，10月至次年3月是鄱阳湖的枯水期，多年平均水位为12.86m，最高水位为22.59m（湖口站，1998年7月31日），相应水面面积约为4070km²；最低水位为5.90m（湖口站，1963年2月6日），相应水面面积为146km²。鄱阳湖年内水位变幅在9.79～15.36m，绝对水位变幅达16.69m，洪枯水位变幅大，每年一涨一落，洪水时湖水浩渺，枯水时洪水归槽，草滩毕露，故有"洪水一片，枯水一线"之说。

鄱阳湖水体面积洪枯期变幅巨大，但受客观条件的影响，一直以来，鄱阳湖水位与面积、容积的关系研究比较少。由于鄱阳湖地形复杂，采用传统的测量手段周期长，成本高，难度大，且多为水下测量，易产生较大误差，而卫星影像凭借其光谱量化等级高、周期短、资料易接收等优势，且为实际所见，可以克服这些缺点，只要分辨率高和成像时天气好，计算的数据精度能满足湖体面积计算要求。

对于计算湖泊水体面积这一特定要求而言，卫星影像具体视野广、周期快、资料新、信息多、约束少、量算准和成本低的先天优点，为定量监测水体面积变化提供了有效手段。

3.2.2.1 数据来源

本书使用的数据包括具有较高时间和光谱分辨率的 MODIS 数据、较高空间分辨率的 Landsat TM/ETM＋以及 MSS、雷达影像数据，其中，MODIS 数据 110 余景，Landsat 系列卫星数据 24 景，RADASET、ENVISET 雷达数据各 1 景，对应星子站水位为 7.00～19.00m，时间分布于 1983 年以来，各月均有数据覆盖，均为无云状态下的清晰数据。

3.2.2.2 湖体面积的提取方法

MODIS 数据的近红外波段对于判别水陆边界、陆地植被最为有效，但由于图像受太阳高度角和传感器视角及大气状况的影响不够稳定，通常采用光谱相对量及植被指数作为植被和水体的判别标准。MODIS 遥感数据的通道 1 为红光区（0.62～0.67μm），水体的反射率高于植被；通道 2 为近红外区（0.841～0.876μm），植被的反射率明显高于水体，采用多波段法可以较好地提取水体信息。采用归一化植被指数 NDVI（normalized difference vegetation index）进行水体特征分析，提取水体效果较好。

$$NDVI = \frac{CH_2 - CH_1}{CH_2 + CH_1} \qquad (3.2-1)$$

式中：CH_1、CH_2 分别为 MODIS 遥感数据 1、2 通道的地表反射率。

在 NDVI 图像中，水体的 NDVI 值很低，为负值，而植被、土壤的 NDVI 值较高。因此，可以设置恰当的阈值来构建区分水体和植被、土壤的判别条件。

在 Landsat 数据中，水体具有独有的特征，即绿光波段加红光波段反射率大于近红外波段加短波红外的特征，可以使用谱间关系法提取鄱阳湖水体。谱间关系法能将水体与阴影区分开来，比单波段阈值法提取水体更有优势。

相对于光学遥感，合成孔径雷达（SAR）具有全天候、全天时的特点，不受阴雨等天气情况影响；此外，雷达对于水体非常敏感，可以容易地确定水陆的边界，所以非常适合全天候水体的识别和监测。提取水体时，可以人机交互确定水体提取的灰度阈值，低于此阈值的将被认为是水体。

3.2.2.3 水体提取结果

鄱阳湖区域较大的水体单元包括通江湖体、军山湖、青岚湖、禾斛岭、康山、蚌湖、珠湖、新妙湖、南湖和大湖池等部分，将上述单元分别统计面积，但分析水位-面积、容积关系时，只考虑大湖池、南湖、蚌湖等天然湖体部分，人工围起来内的军山湖、青岚湖、禾斛岭、康山、珠湖、新妙湖等内湖区域的水体面积受外湖水位影响较小，本书不做分析。鄱阳湖水体面积计算结果见表3.2-6（受篇幅所限，仅列出部分成果），水位-面积散点图如图3.2-2所示，鄱阳湖水位采用星子站水位。

表3.2-6   鄱阳湖水体面积提取结果表（部分）

获取日期	星子站水位 /m	大湖池 /km²	南湖 /km²	蚌湖 /km²	通江湖体 /km²	合计 /km²	数据来源
2004-02-16	7.31	14.63	13.88	25.81	633.63	687.95	MODIS
2006-12-29	8.04	16.56	16.31	25.63	792.75	851.25	MODIS
2006-11-01	10.00	19.06	22.38	37.25	954.44	1033.13	MODIS
2006-03-30	12.08	17.00	23.56	39.81	1464.75	1545.12	MODIS
2007-10-05	14.99	31.06	30.88	89.32	2214.58	2365.84	TM
2004-09-24	16.07	30.31	25.88	94.63	2331.75	2482.57	MODIS
2005-06-29	17.23	—	—	—	2927.88①	2927.88	MODIS
1989-07-15	19.38	—	—	—	3164.90①	3164.90	ETM

① 此时大湖池、南湖、蚌湖已连片，成为通江湖体。

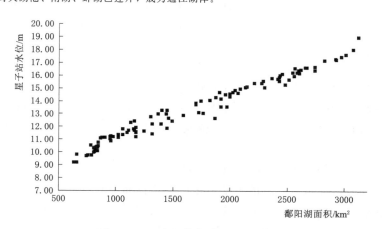

图3.2-2   鄱阳湖水位-面积散点图

3.2.2.4　精度分析与验证

湖体面积测量精度与遥感图像的地面分辨率有关。TM/ETM 数据分辨率为 30m，为确保成果精度，本书选择研究范围内的康山蓄滞洪区作为样区，用 1∶1 万的地形图和遥感影像分别量算面积进行验证试验，经比较两者结果相差不到 1％，精度可满足要求。由于提取面积时采用了大量 MODIS 数据，现假设 TM/ETM 数据提取的面积为真值，选择相同日期质量较好的 MODIS、TM/ETM 数据进行比较，偏离百分比 δ 计算公式如下：

$$\delta = (A_M - A_{TM}) / A_{TM} \times 100\% \qquad (3.2-2)$$

式中：A_M 为 MODIS 提取的鄱阳湖面积；A_{TM} 为 TM/ETM 提取的鄱阳湖面积。

计算结果见表 3.2-7。从表 3.2-7 可见，部分计算单元由于总面积较小差异会超过 10％，通江湖体部分差异均在 ±3％ 以内，可满足鄱阳湖面积提取的精度要求。

表 3.2-7　　　MODIS 与 TM/ETM 数据提取的鄱阳湖面积比较　　　　　　　%

获取日期	军山湖	青岚湖	禾斛岭	康山	珠湖	新妙湖	大湖池	南湖	蚌湖	通江湖体
2007-10-05	0.9	-1.9	10.2	0.2	-4.0	7.3	1.6	-0.2	0.2	-2.6
2003-02-20	2.5	-1.6	-7.9	-6.6	1.7	-8.8	2.4	-7.0	4.0	-0.7
2001-09-10	3.7	-1.5	-5.0	-19	1.6	1.0	2.3	8.8	2.8	0.7
2000-09-23	6.6	-0.7	1.3	4.6	4.8	9.6	1.9	-2.4	-2.0	-1.6
2005-10-31	0.9	-2.0	2.7	-8.9	2.9	4.6	-3.7	-1.7	5.4	1.0
2004-11-29	0.9	-1.9	10.2	0.2	-4.0	7.3	1.6	-0.2	0.2	-2.6

3.2.2.5　鄱阳湖体面积及容积关系分析

1. 水位-面积关系分析

鄱阳湖面积随星子站水位的增长基本呈增大的趋势，但在 10.00～15.00m 水位区间，相同水位时，湖体面积仍存在较大变化。例如，2004 年 5 月 5 日与 2005 年 10 月 31 日，星子站水位分别为 12.32m 和 12.54m，从遥感图像上提取的湖体面积分别为 1726.34km² 和 1592.97km²。2004 年 5 月 5 日星子站水位比 2005 年 10 月 31 日低 0.22m，湖体面积反而大 133.37km²。从表 3.2-8 可以看出，虽然星子站两者水位比较接近，但湖口站水位相差却比较大，说明测站之间水位变化同步性不一致。

表 3.2-8 　　　　　湖体面积与不同水文站水位关系比较

日　　期	星子站水位/m	湖口站水位/m	通江湖体面积/km²
2004-05-05	12.32	11.87	1726.34
2005-10-31	12.54	12.39	1592.97

（1）不同季节鄱阳湖面积变化分析。为分析鄱阳湖水体面积与水位的关系，收集了 1993—2008 年鄱阳湖区各站（包括星子、湖口、康山、都昌、吴城等站点）的水文资料，分析各测站间水位变化的规律。由于湖口与星子站的水位资料最全，且代表性也比较好，以这两个站为主进行分析。

图 3.2-3 和图 3.2-4 为各测站与星子站同期水位差变化情况，从图中可

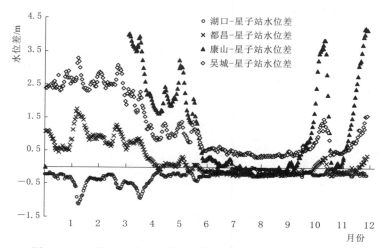

图 3.2-3　各水文站与星子站同期水位差年内变化（2008 年）

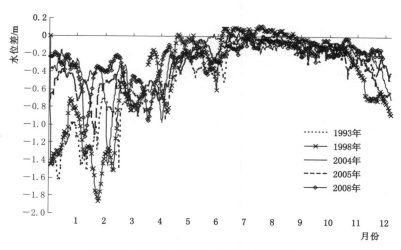

图 3.2-4　湖口-星子同期水位差年内变化

见：各水文站水位与星子站水位差年内变化趋势基本相同，7—10月，水位高差都比较小，其余月份的水位高差都有不同程度的差异，尤其在12月底和1—5月，水位高差较大。从图3.2-4中可看出，湖口-星子同期水位高差季节性比较强，具有明显的规律波动性。

各站水位变化的不同步性，造成不同的季节同一个测站即使水位相同，湖体面积也存在差异的现象。鄱阳湖面积的这种季节性变化，主要原因包括鄱阳湖形态、测站位置、退水和涨水过程中鄱阳湖的供水变化对水体面积的影响等因素。高水位为湖相，湖面广阔，不仅调蓄作用大，而且受长江的顶托和倒灌，湖流为顶托型或倒灌型，鄱阳湖水位沿程落差很小；枯水时湖水落槽，湖流明显改变，近似河流特性，水位依主槽坡降重力作用而变化，水位沿程式落差较大。在水位相同的情况下，涨水段（1—6月）与退水段（8—12月）差异显著，一般涨水段的水位落差大于退水段。

（2）水位与面积关系。由于鄱阳湖面积随星子站水位的变化关系季节性比较强，将计算的湖体面积以7月为界，按季节分成上下半年两部分，分析鄱阳湖星子站水位与面积关系（见表3.2-9和图3.2-5）。由图3.2-5可以看出，鄱阳湖水体面积随星子站水位的升高而呈增大趋势，水位在11.00~15.00m时，上半年（1—7月）面积比下半年（8—12月）略大，水位高于15.00m时，面积递增趋势较稳定，受季节影响较小，水位低于11.00m时，即使水位-面积点稍离散，但由于本身面积较小，也可近似认为与季节无关。

表3.2-9　　　　　　　　　　鄱阳湖星子站水位与面积关系

星子站水位 /m	面积/km²		星子站水位 /m	面积/km²	
	上半年 （1—7月）	下半年 （8—12月）		上半年 （1—7月）	下半年 （8—12月）
7.50	613	613	12.00	1456	1181
8.00	656	656	12.50	1586	1280
8.50	715	715	13.00	1717	1400
9.00	791	791	13.50	1822	1560
9.50	842	842	14.00	1890	1700
10.00	927	927	14.50	1968	1891
10.50	1010	982	15.00	2179	2179
11.00	1155	1046	15.50	2259	2259
11.50	1329	1113	16.00	2360	2360

续表

星子站水位 /m	面积/km²		星子站水位 /m	面积/km²	
	上半年 （1—7 月）	下半年 （8—12 月）		上半年 （1—7 月）	下半年 （8—12 月）
16.50	2529	2529	20.50	3175	3175
17.00	2690	2690	21.00	3190	3190
17.50	2825	2825	21.50	3200	3200
18.00	2960	2960	22.00	3207	3207
18.50	3053	3053	22.50	3220	3220
19.00	3115	3115	23.00	3238	3238
19.50	3137	3137	23.50	3248	3248
20.00	3165	3165			

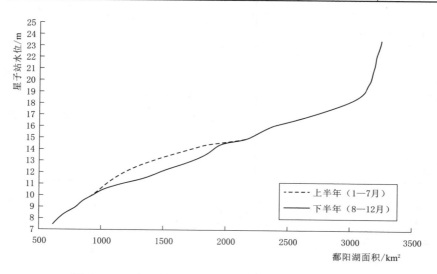

图 3.2-5　鄱阳湖星子站水位-面积、水位-容积关系线
（19.00m 高程以上的面积数据为地形测量成果）

1998 年，为掌握鄱阳湖现状实际面积和"平退工程"实际增大湖区及入湖河道尾闾水面面积，长江水利委员会进行了一次鄱阳湖地形测量，并于 2004 年由江西省水利规划设计院（现中铁水利水电规划设计集团有限公司）进行了补充测量和面积、容积量算，推求出鄱阳湖的面积和容积，表 3.2-10 为此次测量成果，图 3.2-7 为本次遥感量测面积与地形测量结果的比较。

表 3.2－10 鄱阳湖高程与面积、容积关系曲线（长江水利委员会测量成果）

高程（黄海）/m	高程（吴淞）/m	鄱阳湖区域		通江湖体	
		总面积/km²	总容积/万 m³	总面积/km²	总容积/万 m³
－9	－7.1				
－8	－6.1	0.01	0	0.01	0
－7	－5.1	0.02	1	0.02	1
－6	－4.1	0.09	6	0.09	6
－5	－3.1	0.28	24	0.28	24
－4	－2.1	0.53	64	0.53	64
－3	－1.1	1.04	141	1.04	141
－2	－0.1	1.58	271	1.58	271
－1	0.9	2.69	482	2.69	482
0	1.9	5.04	862	5.03	862
1	2.9	8.81	1546	8.76	1543
2	3.9	14.51	2700	14.36	2687
3	4.9	22.33	4528	21.94	4489
4	5.9	29.46	7109	28.69	7013
5	6.9	39.52	10546	37.63	10321
6	7.9	51.21	15070	47.73	14580
7	8.9	76.75	21425	70.19	20441
8	9.9	125.91	31457	115.19	29617
9	10.9	233.81	49152	216.62	45946
10	11.9	551.63	87048	492.06	80464
11	12.9	1150.28	170004	947.14	151196
12	13.9	2080.20	328811	1643.18	279124
13	14.9	3291.12	594456	2369.72	478704
14	15.9	4347.05	974008	2746.85	734340
15	16.9	5456.16	1462100	2974.07	1020308
16	17.9	6360.42	2051898	3070.55	1322504

续表

高程（黄海）/m	高程（吴淞）/m	鄱阳湖区域		通江湖体	
		总面积/km²	总容积/万 m³	总面积/km²	总容积/万 m³
17	18.9	6992.95	2719196	3112.12	1631716
18	19.9	7560.02	3446587	3144.20	1944583
19	20.9	8131.53	4230925	3177.94	2260726
20	21.9	8735.09	5074011	3218.29	2580559
21	22.9	9370.64	5979054	3252.86	2904146
22	23.9	9984.67	6946616	3286.34	3231134

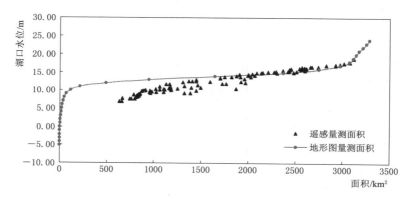

图 3.2－6　鄱阳湖湖口站遥感量测面积与地形测量结果比较

由图 3.2－6 可以看出，高水位时，尤其是高于 14.00m 时，两者的量测结果基本一致。当水位低于 14.00m 时，水位越低，两者的量测结果相差越大。鄱阳湖水下地形复杂，水下测量结果受测量手段、季节和测点密度等多种因素的影响，容易产生较大的误差，而遥感数据为实际所见，能克服这些缺点，在天气晴朗可见度高时，由高分辨率遥感影像数据提取的结果，能满足湖体面积计算要求。

2. 水位-容积关系分析

求出水位-面积关系曲线后，利用式（3.2－3）可推出鄱阳湖水位-容积关系曲线：

$$V = \sum_{i=1}^{n} V_i, \; V_i = S_{i-1} \Delta h_i + \frac{\Delta S_i \Delta h_i}{2} \quad (3.2-3)$$

式中：V 为某一水位时的容积；Δh 为两次相邻水位的星子站水位差；S 为水

面面积；n 为次数；i 为序数。

鄱阳湖通江湖体水位-容积拟合曲线见表 3.2-11 和图 3.2-7。

表 3.2-11 鄱阳湖通江湖体水位-容积关系

星子站水位 /m	容积/亿 m³		星子站水位 /m	容积/亿 m³	
	上半年 (1—7 月)	下半年 (8—12 月)		上半年 (1—7 月)	下半年 (8—12 月)
7.00	4.60	4.60	15.50	117.98	113.53
7.50	7.77	7.77	16.00	130.20	130.20
8.00	11.20	11.20	16.50	143.25	143.25
8.50	14.97	14.97	17.00	157.04	157.04
9.00	19.05	19.05	17.50	171.50	171.50
9.50	23.47	23.47	18.00	186.53	186.53
10.00	28.31	28.24	18.50	201.95	201.95
10.50	33.72	33.31	19.00	217.58	217.58
11.00	39.94	38.71	19.50	233.34	233.34
11.50	46.90	44.45	20.00	249.19	249.19
12.00	54.50	50.60	20.50	265.10	265.10
12.50	62.76	57.30	21.00	281.07	281.07
13.00	71.60	64.70	21.50	297.09	297.09
13.50	80.88	72.85	22.00	313.16	313.16
14.00	90.53	81.83	22.50	329.30	329.30
14.50	96.09	91.65	23.00	345.52	345.52
15.00	106.63	102.18	23.50	361.79	361.79

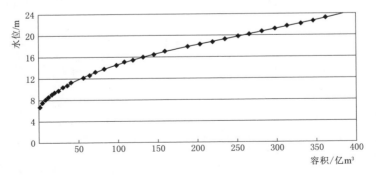

图 3.2-7 湖口站鄱阳湖通江湖体水位-容积拟合曲线

3.3　鄱阳湖水位预报

鄱阳湖汇集赣江、抚河、信江、饶河、修河等五大河流及区间来水，形成一个完整的鄱阳湖水系。鄱阳湖洪水受鄱阳湖水系和长江洪水双重影响。五大河流及区间洪水主要受流域降雨影响，赣江至鄱阳湖的汇流时间一般为 5d，抚河、信江、饶河、修河一般为 1～3d。鄱阳湖星子站水位受五大河流及区间来水和鄱阳湖湖口出湖流量的共同影响。经鄱阳湖调蓄作用后，一般 1～3d 星子站出现洪峰（不受长江洪水顶托和倒灌影响）。

目前鄱阳湖环湖共有水文（位）观测站 13 站，因星子站位置的特殊性，以鄱阳湖星子站作为鄱阳湖水位代表站。星子站于 1934 年建站，地处江西省庐山市南康镇，位于鄱阳湖北部湖口水道进口处，观测项目有水位、湖流、降水、蒸发、水温等。断面宽约为 5km，集水面积为 161189km^2，属于亚热带季风气候，气候温和，雨量充沛，年均降水量为 1437mm，年平均气温为 15～18℃，年平均日照数 1932h。星子站多年平均年降水量为 1454.6mm，年最大降水量为 2295.8mm（1954 年），年最小降水量为 774.3mm（1978 年）；多年平均水位为 13.50m（与 1985 国家高程基准的换算减系数 1.86m，下同），历年最高水位为 22.63m（2020 年 7 月 12 日），历年最低水位为 7.11m（2004 年 2 月 4 日）；多年平均水温为 18.3℃，历年最高水温为 37.5℃，出现在 1961 年 7 月 2 日；历年最低水温为 0℃，出现在 1964 年 2 月 19 日；多年平均蒸发量为 871.2mm，最大年蒸发量为 946.4mm（2009 年），最小年蒸发量为 780.3mm（2010 年）。

3.3.1　湖泊水量平衡方案研制

湖泊水量平衡的具体表达式为

$$W_入 + W_P = W_出 + W_E + \Delta W \tag{3.3-1}$$

其中
$$W_入 = \bar{Q} \Delta t$$
$$W_P = P \cdot \bar{F}$$
$$W_出 = \bar{q} \cdot \Delta t$$
$$W_E = E \cdot \bar{F}$$
$$\Delta W = \Delta H \cdot \bar{F} = (H_2 - H_1) \cdot \bar{F} \quad \bar{Q} = \sum Q_河 + Q_区$$

式中：$W_入$ 为入湖水量；W_P 为湖面降雨水量；$W_出$ 为出湖水量；W_E 为湖面蒸发水量；ΔW 为湖盆蓄水变量；Δt 为时段长度；P 为湖面降水深；$\bar{F}$ 为平均湖面面积；E 为湖面蒸发深度；ΔH 为 Δt 内的水位变化；$\bar{Q}$ 为平均入湖流

量；$Q_河$ 为"五河七口"入湖流量；$Q_区$ 为鄱阳湖区间入湖流量；$\bar{q}$ 为湖口平均出湖流量；H_1、H_2 为时段初、末的湖水位。

为便于计算，将湖面产水量归入区间产水量之中，湖面蒸发量影响较小，可忽略不计。则式（3.3-1）变为

$$W_入 = W_出 + \Delta W \tag{3.3-2}$$

其中

$$W_入 = W_{五河} + W_{区间} = (\sum Q_河 + Q_区)\Delta t$$

将式（3.3-2）具体化为

$$\bar{Q}\Delta t = \bar{q} \cdot \Delta t + (H_2 - H_1) \cdot \frac{F_1 + F_2}{2} \tag{3.3-3}$$

取 $\Delta t = 1$d，式（3.3-3）转变为

$$H_2 = H_1 + 0.1728 \times \frac{\bar{Q} - \bar{q}}{F_1 + F_2} \tag{3.3-4}$$

式中：F_1、F_2 分别为时段初、末的湖面面积，km^2，式（3.3-4）即为水量平衡法的预报方程。

1. 预报步骤

（1）确定入湖 $\bar{Q}$：

$$\bar{Q} = \frac{1}{2}(Q_1 + Q_2)$$

Q_1 是已知的，Q_2 需要用"五河七口"及鄱阳湖区间入湖流量预报方法进行预报。

（2）确定出湖 $\bar{q}$：

$$\bar{q} = \frac{1}{2}(q_1 + q_2)$$

q_1 是已知的，q_2 也需要做湖口出流预报。

在利用水量平衡法预报鄱阳湖洪水位时，要做好以下 3 方面的工作：①计算区间入湖流量 $q_区$；②预报时段末的入湖流量 q_1；③预报时段末的出湖流量 q_2。

2. 预报应用

限于资料，目前尚无法建立 q_1、q_2 的预报方案；鄱阳湖区间入湖量要建立模型进行估算。

（1）预算方程简化处理。

在式（3.3-4）中，令 $Q' = \bar{Q} - \bar{q}$，称为平均净入湖流量。则 $Q' = (Q_1 - q_1) + (\Delta Q - \Delta q)/2$，其中 $\Delta Q = Q_2 - Q_1$ 为入湖流量的增量，$\Delta q = q_2 - q_1$ 为出湖流量的增量。一般来说，Δq 随 ΔQ 变化而改变（Δq 的变化时刻较 ΔQ 稍滞后）。现假定 Δq 与 ΔQ 的变化在短时段内相近，得到：

$$H_2 \approx H_1 + 0.1728 \times \frac{Q_1 - q_1}{F_1 + F_2} \tag{3.3-5}$$

以式（3.3-5）作为目前鄱阳湖洪水预报的简化方程。使用时，先假定一个 H_2，在高程面积关系曲线上查得一个 F_2，代入式（3.3-5）计算第一个 H_2 与初设的 H_2 有差异，则重新假设 H_2，计算出第二个 H_2；通过多次反复试算，直到计算的 H_2 与假设的 H_2 相同。

（2）Q 区的估算。选用"五河七口"控制站（外洲、李家渡、梅港、渡峰坑、虎山、万家埠、虬津）和鄱阳湖星子、都昌、康山 3 站共 10 站，以这 10 个站的平均降水量代表鄱阳湖区间降水量。区间产流量的计算，采用地理学方法，即取大汛时期的径流量系数 $\alpha = 0.85$，乘以区间降水量，得到区间产流量。区间汇流使用由博阳河梓坊水文站和乐安河石镇街水文站历史资料综合推得的经验单位线 $Q_区(t)$ 确定。这里的 $Q_区(t)$ 是 1mm 区间平均降水量对应的单位线（包含了产流量计算在内）。区间汇流也可用滞后演算法计算：

$$Q_区(t) = Q_{区0} \times C_s + (1 - C_s) \times Q_r$$
$$C_s = 0.5 \sim 0.7$$

式中：Q_r 为一时段区间平均产流量。

采用以上预报模型，对鄱阳湖星子站 1985—2003 年历史洪水资料进行预报检验，其预报精度见表 3.3-1。

表 3.3-1 鄱阳湖星子站预报精度表

误差 ΔH_2/m	$\leqslant 0.02$	$\leqslant 0.04$	$\leqslant 0.06$	$\leqslant 0.08$	$\leqslant 0.10$
天数/d	1003	1577	1903	2112	2291
合格率/%	40.6	63.8	77.0	85.4	92.7

3. 方案评定

根据《水文情报预报规范》（SL 250—2000）的规定进行方案评定，结合鄱阳湖特性，确定检验指标为 0.1m。经检验，预报检验总天数 2472d，预报误差不大于 0.06m 的占 77%，预报误差不大于 0.10m 的合格率为 92.7%，方案平均预报误差为 0.04m，均方误差为 0.06m，确定性系数为 0.999。结果表明，该预报方案为甲级，可用于洪水作业预报。

4. 误差分析

（1）分析超过 0.10m 的误差发现，预报出现较大误差的主要原因在于"ΔQ 与 Δq 相近"的假设有时与实际情况有较大的出入，这一假设是造成预报出现较大误差的主要原因。该方案的主要改进方向是：建立 Q_2 与 q_2 预报方案，将利用式（3.3-5）进行作业预报改为直接使用式（3.3-4）。

（2）预见期为 1d。今后应结合气象部门发布的降水预报，通过建立 $\Delta t = 2d、3d$ 的 Q_2、q_2 预报方法，将本方案的预见期增长到 2～3d。

　　（3）"大湖计算法"是计算鄱阳湖洪水位较理想的方法，既能避开湖口出流量与湖水位关系建立方面的困难，又充分考虑了长江与鄱阳湖洪水的相互依存关系。因此，今后还可以建立以"大湖计算法"为基础的鄱阳湖洪水位预报方案。

　　5. 预报经验

　　鄱阳湖洪水受"五河"来水、长江干流顶托倒灌及鄱阳湖气象等要素综合影响，在做湖区水位预报时，要注意以下几点。

　　（1）通过入湖流量与出湖流量的差值初步判断出湖水涨退趋势，计算出日净入湖径流量，利用水位面积曲线，将日净入湖径流量换算成径深（即水位变幅）。入湖流量计算要综合分析"五河七口"及区间的洪水过程，"五河七口"洪水主要看洪水过程线，区间洪水主要看降雨强度；出湖流量计算要综合分析从三峡水库到大通之间各长江上中游控制站洪水过程线。

　　（2）分析湖区康山、棠荫、都昌、星子4站水位过程线，即水位24h、12h、6h、4h、2h、1h的变幅，根据变幅，微幅度修正根据日净入湖径流量换算成水位变幅。

　　（3）当鄱阳湖水位达到18.00m以上时，由于湖面面积较大，还要综合考虑3级以上风对洪水的影响，刮北风时水往上游吹，南风时水往下游吹，风停后壅水又缓慢回头。

　　（4）长江倒灌多出现在"五河"汛期结束，江水猛涨的情况下。"五河"汛期一般是6月结束，长江大汛基本在7月、8月发生，所以，倒灌型湖流主要发生在7—9月，个别在6月、10月。7月起，"五河"进入旱季，流量小，对倒灌的影响居次要地位。湖口是否倒灌与倒灌程度多大主要取决于汉口流量的大小和湖口水位高低。湖口水位一般不超过警戒水位，鄱阳湖发生倒流，为了克服水流阻力，出口河段星子站与湖口站的水位差小于0.07m时，长江将对鄱阳湖产生顶托或者倒灌。当受到大风影响时，湖口发生倒流时出现星子站水位有时仍高于湖口站水位的现象。

3.3.2　多要素相关分析预报方案研制

　　多要素相关分析预报方案，即根据星子站实测水位与星子、湖口站前期水位、涨率、区间平均降雨量及"五河七口"入湖流量与湖口出流量之差进行相关分析，建立多要素相关方程，用于鄱阳湖洪水作业预报。

　　"五河"、鄱阳湖和长江是紧密相连的水体，存在相互联系、相互影响、相互制约的水文动态变化，水量动态平衡的规律。通常4—6月，"五河"来水，湖区水位上涨，若湖口出流增加10000m³/s，在九江站同级水位情况下，九江过流能力减少9000～11000m³/s，致使九江在中高水位时，水位抬高1～2m，

7—9 月，长江上游来水增加，九江站流量增加 10000m³/s，湖口过流能力要减少 8000m³/s 左右。这时，江水入湖，湖口水位抬高 1～2m。因此，湖口站前水位与湖口出流量反映了长江上游来水增加或减少，据此建立多要素相关分析预报方案。

1. 预报方案

（1）一日方案。根据星子站实测水位与星子、湖口站前一日水位、涨率、区间平均降雨量和前一日"五河七口"入湖流量与湖口出湖流量之差进行相关分析计算，得出以下预报方程：

$$Y_1 = 1.0614H_{星1} + 0.4725\Delta H_{星1} - 0.0635H_{湖11} -$$
$$0.0826\Delta H_{湖11} + 0.0190K_1 + 0.0151S_1 + 0.052 \qquad (3.3-6)$$

式中：Y_1 为星子站一日预报水位；$H_{星1}$、$\Delta H_{星1}$、$H_{湖11}$、$\Delta H_{湖11}$ 分别为星子站、湖口站前一日实测水位和涨率；K_1 为前一日区间平均降雨量除以 10 的比值；S_1 为前一日"五河七口"入湖流量与湖口出流量之差除以 1000 的比值。

用上述预报方程对鄱阳湖星子站 1991—2003 年历史洪水进行预报检验，按《水文情报预报规范》（SL 250—2000）的规定进行方案评定，结合鄱阳湖特性，确定检验指标为 0.1m。经检验，预报方程相关系数为 0.9993，预报平均误差为 0.03m，均方误差为 0.03m，方案合格率为 97.9%，为甲级方案。

（2）二日方案。根据星子站实测水位与星子、湖口站前二日水位、涨率、区间平均降雨量和前二日"五河七口"入湖流量与湖口出湖流量之差进行相关分析计算，得出以下预报方程：

$$Y_2 = 1.0697H_{星2} + 0.4424\Delta H_{星2} - 0.0836H_{湖12} +$$
$$0.0656H_{湖12} + 0.0535K_2 + 0.0349S_2 + 0.293 \qquad (3.3-7)$$

式中：Y_2 为星子站二日预报水位；$H_{星2}$、$\Delta H_{星2}$、$H_{湖12}$、$\Delta H_{湖12}$ 分别为星子站、湖口站前二日实测水位和涨率；K_2 为前二日区间平均降雨量除以 10 的比值；S_2 为前二日"五河七口"入湖流量与湖口出流量之差除以 1000 的比值。

2. 方案评定

用上述预报方程对鄱阳湖星子站 1991—2003 年历史洪水进行预报检验（鄱阳湖星子站水量平衡水位预报曲线见图 3.3-1），根据《水文情报预报规范》（SL 250—2000）的规定进行方案评定，结合鄱阳湖特性，确定检验指标为 0.1m。经检验，预报方程相关系数为 0.9961，预报平均误差为 0.07m，均方误差为 0.06m，方案合格率为 78.8%。

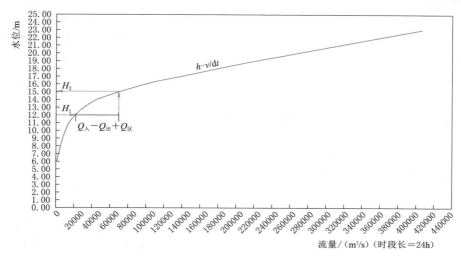

图 3.3-1 鄱阳湖星子站水量平衡水位预报曲线

用 2003 年、2004 年、2005 年、2006 年、2010 年资料 148 个点做检验，回归方程计算误差小于 0.1m 的合格率为 88%；小于 0.15m 的合格率为 88%；小于 0.2m 的合格率为 97%。洪峰预报误差均小于 0.1m。星子站多变数回归相关预报图如图 3.3-2 所示，检验计算合格率统计表见表 3.3-2。

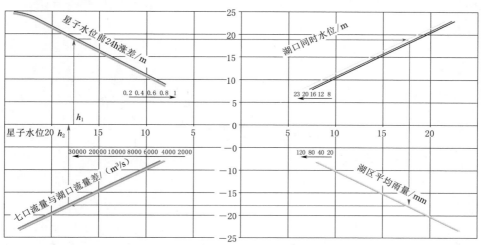

图 3.3-2 星子站多变数回归相关预报图

表 3.3-2　　　　　　　　　　检验计算合格率统计表

误　差	<0.1m	<0.15m	<0.2m
回归方程计算合格率/%	88	93	97
水量平衡计算合格率/%	75	81	93

提出的水情预报和预警响应技术在 2020 年 7 月 6—10 日强降雨过程中提前 16h 精准预报乐安河虎山站水位 30.20m，预报较实际仅差 0.01m；准确预判潦河万家埠站将于 9 日出现 4800m³/s 的洪峰流量，修水、永修站洪峰水位将超历史。

3.4 鄱阳湖洪涝灾害形成机制

3.4.1 洪涝灾害特点

3.4.1.1 洪灾损失的时间序列特征

反映鄱阳湖洪灾程度的指标包括受灾面积、成灾面积、受灾人口、死亡人口、倒塌房屋、直接经济损失和水利设施直接经济损失等，对指标进行相关分析，各指标间相关性很高。从长时间序列看受灾面积受经济发展及人口增加的影响较小，以下通过对受灾面积的分析，描述洪灾损失的时间序列特征。图 3.4-1 为 1950 年以来鄱阳湖流域洪涝受灾面积序列变化。

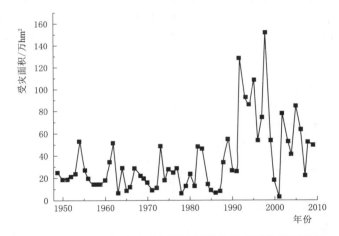

图 3.4-1 1950 年以来鄱阳湖流域洪涝受灾面积序列变化

在 1949—2009 年中，1998 年江西省的受灾面积最大，达到 152.6 万 hm²，其次为 1992 年，为 128.7 万 hm²；2001 年江西省受灾面积最小，为 2.0 万 hm²，其次为 1978 年，为 4.2 万 hm²。1949—2009 年江西省的平均受灾面积为 35.2 万 hm²，1949—1990 年受灾面积相对较小，平均为 21.9 万 hm²，最大值为 1989 年的 55.1 万 hm²，其次为 1954 年的 52.7 万 hm²；1991—1999 年的平均受灾面积明显增加，平均为 85.7 万 hm²；2000—2009 年的平均受灾面积则为 45.7 万 hm²，说明江西省在 20 世纪 90 年代以后，特别是 20 世纪 90

年代的洪灾损失较高。

从时间序列的周期性上看，在 20 世纪 50—80 年代，每隔 10 年左右会出现一个受灾面积的极大值，例如，1954 年、1962 年、1973 年、1982 年，从 20 世纪 80 年代末开始，这种规律性被打破，受灾面积极大值的发生强度和频率都明显增加，这可能是气候变化和人类活动影响加剧引起的。

采用 1949—2009 年农田受灾面积制作的受灾面积频率曲线如图 3.4 - 2 所示。由图 3.4 - 2 可见：经验点据与皮尔逊-Ⅲ型曲线拟合较好，受灾面积的变化服从皮尔逊-Ⅲ型曲线的分布规律。从频率曲线本身来看，当发生频率大于 20％时，随着频率的减小受灾面积增加不大；但是当发生频率小于 20％尤其是发生频率小于 10％时，随着频率减小受灾面积急剧增大。

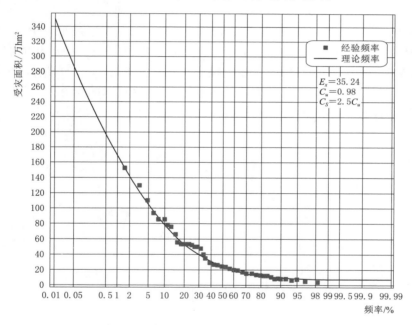

图 3.4 - 2 鄱阳湖流域受灾面积频率曲线

3.4.1.2 洪灾损失的空间变化特征

由于数据资料的限制，采用 1993—2003 年的统计资料研究洪灾损失的空间变化特征。描述洪灾损失的指标有死亡人数、直接经济损失、受灾县（市）个数、受灾乡镇个数、倒塌房屋间数、受灾人口、农田受灾面积和农田成灾面积 8 个因子，对其进行因子分析。第一主成分主要是与经济损失相关的因子，包括直接经济损失、倒塌房屋、受灾人口、农田受灾面积和成灾面积 5 个因子；第二主成分体现了受灾县市和乡镇个数两个因子；第三主成分主要与死亡人数相关。根据因子分析，计算出各主成分灾害损失指数 f_i。

再将 f_i 按贡献率加权求和,得到全省 11 个行政区域单位面积的灾害损失指数。指数值越大,表明该地区洪灾损失越严重;指数值越小,表明洪灾损失越轻。在 11 个行政区域中,景德镇的洪灾损失指数最大,为 3.92;其次为南昌,为 2.04。此外,损失指数为正值的还有鹰潭、九江和上饶,这些地区多位于地势较低的鄱阳湖周围,洪灾损失较大;萍乡、宜春、新余、抚州、吉安和赣州损失指数为负值,洪灾损失较小。

3.4.1.3 灾变强度分析

利用洪水受灾人口占总人口的比例以及洪水直接经济损失占社会生产总值(GDP)的比例研究洪水灾变强度。图 3.4-3 为鄱阳湖流域 1991—2008 年受灾人口和经济损失的灾变强度。1991—2008 年,鄱阳湖年平均受灾人口比例为 24.8%,1998 年最高,达到了 49.7%;1991 年最低,为 4.1%。年平均经济损失比例为 4.9%,1998 年最高,为 21.7%;2007 年最低,为 0.36%。2000 年后,洪水灾变强度明显降低,受灾人口比例由 1991—1999 年的 33.5% 降至 2000—2008 年的 16.1%,经济损失比例由 1991—1999 年的 8.6% 降至 2000—2008 年的 1.1%。这一方面与 2000 年后降水相对减少有关,另一方面也和修建圩堤、退湖还田等工程措施有关。

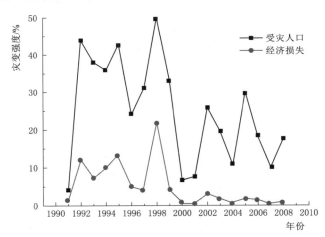

图 3.4-3 鄱阳湖流域 1991—2008 年受灾人口和经济损失的灾变强度

从农业和工业经济损失的灾变强度上看,1993—2003 年,鄱阳湖流域农业经济损失占农业 GDP 的 10.7%,最大值为 1998 年的 39.0%,其次为 1995 年的 20.8%;工业经济损失占工业 GDP 的 4.7%,最大值为 1998 年的 19.7%,其次为 1995 年的 8%。农业经济损失的灾变强度大约是工业的 2 倍,表明农业是江西省洪水灾害的重要受害者。1998 年后,由于防洪工程的进行,农业和工业经济损失的灾变强度都明显降低。

3.4.2　鄱阳湖流域洪水孕育环境

洪水孕育于由大气圈、岩石圈、水圈、生物圈共同组成的地球表层环境中，以下主要从流域降水量和下垫面条件两方面分析鄱阳湖流域洪水孕育环境。

3.4.2.1　降水量

降水是一个地区洪灾形成的重要原因，降水的时间分布和空间分布都是鄱阳湖流域重要的洪灾孕育环境。鄱阳湖流域地处东亚季风区，属于亚热带温暖湿润气候。流域年平均降水量为1620mm，各地差异较大，总体表现为北多南少、东多西少、山区多盆地少。年内气候季节变化明显，秋冬季一般晴朗少雨，春季时暖时寒，阴雨连绵，一般在4月后全省先后进入梅雨期。如图3.4-4所示，5—6月为全年降水最多时期，平均月降水量在200～350mm以上，最高可达700mm以上。这一时期多大雨或暴雨，暴雨强度为日降水量50～100mm。7月雨带北移，雨季结束，气温急剧上升，进

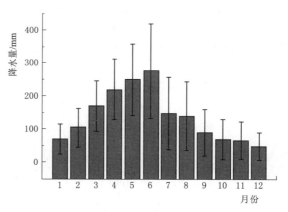

图 3.4-4　鄱阳湖流域月平均降水量
（误差线为±1标准偏差）

入晴热时期，伏旱秋旱相连，而从东南海域登陆的台风将给江西带来阵雨，缓解旱情，消减炎热。降水量除季节分配很不均匀外，年际变化也相当悬殊，降水最多年份可达最少年份的1倍以上。

降水时间分布的数据资料采用国家气象局共享数据库资料，共选用国家基本气象站点18个，分别为鄱阳、赣州、广昌、贵溪、吉安、景德镇、井冈山、九江、庐山、南昌、南城、宁冈、遂川、修水、寻乌、宜春、玉山和樟树，时间长度为1951—2010年，对个别站点的缺失数据进行插值处理。

鄱阳湖流域年内月降水量分布不均匀，其中，4月、5月和6月的平均降水量超过了200mm，分别占全年总降水量的13.2%、15.1%和16.7%（表3.4-1），4—6月的降水量占了全年总降水量的45.1%。反映各月降水量年际变化的标准差值也较大，与各月降水量基本成正相关关系，如6月平均降水量最大为275.5mm，其标准差也达到最大，为141.7mm。

表 3.4－1　　　　　鄱阳湖流域月平均降水量、百分比及标准差

月份	1	2	3	4	5	6	7	8	9	10	11	12
降水量/mm	70.3	105.6	170.4	218.4	249.8	275.5	147.5	139.4	90.0	68.7	65.2	48.7
百分比/%	4.3	6.4	10.3	13.2	15.1	16.7	8.9	8.4	5.5	4.2	4.0	3.0
标准差	44.4	59.0	76.2	89.7	109.1	141.7	108.3	101.4	69.3	59.9	55.8	41.2

在 1951—2010 年 60 年中（图 3.4－5），鄱阳湖流域的年平均降水量为 1655.5mm，最大年降水量为 1975 年的 2161.5mm，其次为 2010 年的 2145.0mm 和 1954 年的 2131.8mm；最小年降水量为 1963 年的 1108.9mm，其次为 1971 年的 1179.9mm 和 1978 年的 1224.5mm。从统计直方图上看（图 3.4－6），在 60 年的统计时间内，有 23 年（38.3%）的降水量为 1600～1800mm，15 年（25.0%）的降水量为 1400～1600mm，年降水量超过 2000mm 的年份有 7 年，分别为 1954 年、1975 年、1973 年、1997 年、1998 年、2002 年和 2010 年。

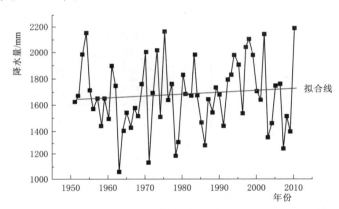

图 3.4－5　鄱阳湖流域年降水量变化

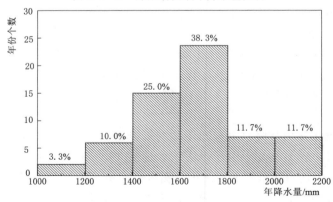

图 3.4－6　1951—2010 年鄱阳湖流域年降水量的直方图分布

鄱阳湖流域不同频率年降水量见表 3.4-2，保证率为 1% 的年降水量为 2280mm，保证率为 5% 的年降水量为 2080mm，保证率为 25% 的年降水量为 1760mm，保证率为 50% 的年降水量为 1650mm，保证率为 75% 的年降水量为 1480mm，保证率为 90% 的年降水量为 1340mm。

表 3.4-2　　　　　　　　　　　　不同频率的年降水量

频率/%	1	5	25	50	75	90
年降水量/mm	2280	2080	1760	1650	1480	1340

3.4.2.2　下垫面条件

1. 水系

鄱阳湖水系是以鄱阳湖为汇集中心的辐聚水系，由赣江、抚河、信江、饶河、修河和环湖直接入湖河流及鄱阳湖共同组成。各河来水汇聚鄱阳湖后，经调蓄于湖口注入长江。

鄱阳湖水系集水面积大于 $10km^2$ 的河流 3771 条，集水面积大于 $1000km^2$ 的河流 40 条，集水面积 $10000km^2$ 以上的主要河流为赣江、抚河、信江、饶河和修河，形成各自独立的水系和流域。

鄱阳湖水系是一个完整的水系，各大小河流的水均注入鄱阳湖，经调蓄后由湖口流入长江，成为长江水系的重要组成部分。

2. 地形地貌

鄱阳湖流域地势三面环山，中部渐次由丘陵、盆地相间的地形向北成为坦荡的平原，即长江流域五大平原之一的鄱阳湖平原。主要河流发源于东、南、西三面边缘山地，顺势流入鄱阳湖。流域地貌类型以丘陵山地为主，丘陵山地约占总面积的 78%（其中山地占 36%，高丘占 42%），平原岗地约占 12.1%，水面约占 9.9%。

从南北方向看，鄱阳湖流域地貌北部以平原为主，海拔一般低于 50.00m，中、南部地形比较复杂，低山、丘陵、冈阜与盆地交错分布，低山、丘陵海拔为 300.00~600.00m，盆地海拔为 50.00~100.00m。流域边缘多高山，北部有怀玉山脉，主峰玉京峰海拔 1816.00m；东部武夷山脉，绵延 500km，主峰黄岗山小岩头山海拔 2158.00m，为江西省最高峰；西部，北有幕阜山脉、九岭山脉，南有罗霄山脉及武功山、井冈山，海拔多在 1000.00m 以上，南风面海拔达 2120.00m；南部属南岭山地，九连山、大庾岭，大体东西向横卧赣、粤边境，一般海拔为 1000.00~1500.00m。

3. 土地利用方式

鄱阳湖流域地势周高中低，东、南、西三面群山环绕，中部丘陵、盆地相间。域内主要河流均发源于边缘山脉，流经丘陵和山间盆地，汇流于北部鄱阳湖平原，造成土壤类型多种多样，分布规律明显；受亚热带季风影响，鄱阳湖流域内气候温和、雨量充沛，四季分明，适宜于农、林、牧、副、渔的发展，土地资源丰富。江西省国土面积为 16.69 万 km^2，其中林地所占面积最大，为61.30%；其余分别为：耕地占 17.33%，水域占 8.13%，未利用地占 6.63%，居住地工矿用地占 4.25%，园地占 1.43%，交通用地占 0.90%，牧草地占 0.02%。可以看出区域内土地利用方式中农林业所占面积接近 80%，占了绝大部分。

3.4.3　鄱阳湖流域洪水致灾因子分析

3.4.3.1　暴雨与洪灾损失

图 3.4 - 7 和图 3.4 - 8 分别为江西省 1990—2006 年降水量与受灾面积散点图以及 162 个雨量站暴雨、大暴雨记录次数与受灾面积散点图，均有较好的相关性，年降水量（x_1）与受灾面积（y）拟合直线方程为 $y = 0.1183x_1 - 130.3$，相关系数为 0.65；暴雨记录次数（x_2）及大暴雨记录次数（x_3）与受灾面积的拟合直线方程分别为 $y = 0.1586x_2 - 33.508$，$y = 0.6671x_3 + 8.8977$，相关系数分别为 0.76 和 0.71。暴雨记录次数与受灾面积的相关性大于年降水量与受灾面积的相关性，即洪水灾害影响程度更多的是受到暴雨影响。其中，虽然大暴雨每年发生的次数远小于暴雨发生次数，但大暴雨次数与受灾面积的相关性仍然较高，特别是在特大洪水灾害的年份，大暴雨所起的作用更大。如 1995 年与 1998 年，162 个雨量站暴雨记录次数分别为 964 次与945 次，大暴雨记录次数分别为 142 次与 188 次，受灾面积分别为 108.8 万 hm^2 与 152.6 万 hm^2，尽管 1998 年的暴雨次数少于 1995 年，但大暴雨次数较多，导致受灾面积更大。

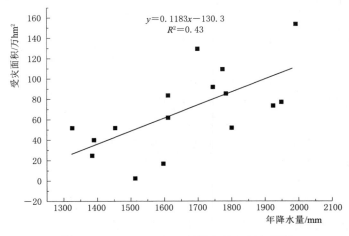

图 3.4 - 7　1990—2006 年降水量与受灾面积

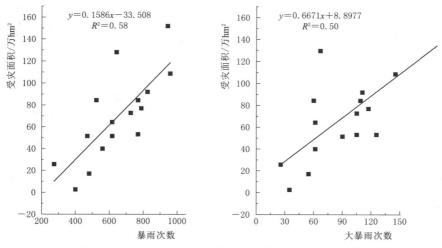

图 3.4-8　1990—2006 年暴雨、大暴雨次数与受灾面积

3.4.3.2　河流水位-流量

以赣江下游控制站外洲、抚河下游控制站李家渡和信江下游控制站梅港为例研究鄱阳湖流域三大河流水位变化，图 3.4-9 为外洲站、李家渡站和梅港站 1955—2006 年平均水位变化及线性拟合。

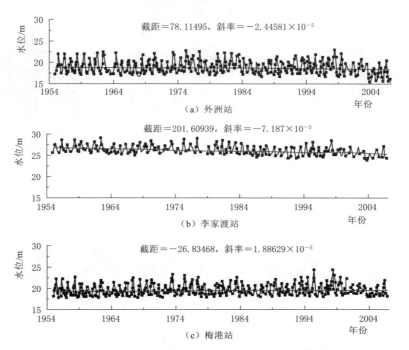

图 3.4-9　外洲站、李家渡站和梅港站 1955—2006 年平均水位变化及线性拟合

1. 水位统计

（1）月平均水位。图 3.4－10 为外洲站、李家渡站和梅港站月平均水位变化。其中外洲站月平均水位为 18.30m，月最高水位为 22.64m，月最低水位为 14.86m，标准差为 1.45；李家渡站月平均水位为 25.90m，月最高水位为 29.06m，月最低水位为 23.80m，标准差为 0.92；梅港站月平均水位为 19.30m，月最高水位为 24.30m，月最低水位为 17.70m，标准差为 1.19。三站的线性拟合斜率都接近于 0，水位整体变化趋势不显著。其中李家渡站和外洲站略有下降，梅港站略有上升。在各月分布上（图 3.4－10），三站月平均水位最高的都是 6 月，其次为 5 月，第三高的月份有所不同，外洲站为 7 月，李家渡站和梅港站为 4 月。

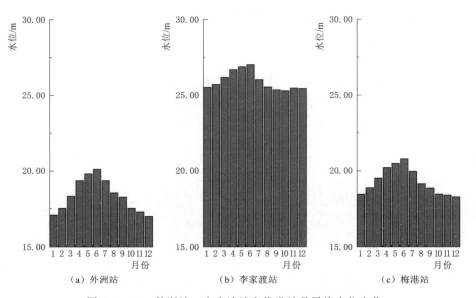

图 3.4－10　外洲站、李家渡站和梅港站月平均水位变化

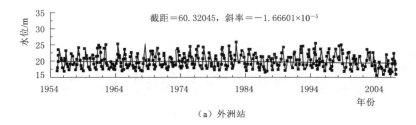

图 3.4－11（一）　外洲站、李家渡站和梅港站各月最高水位变化及线性拟合

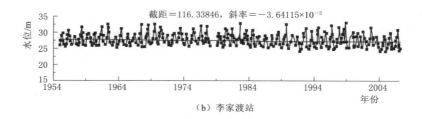

（b）李家渡站

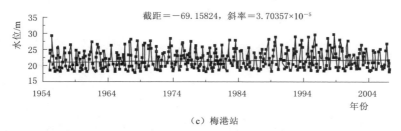

（c）梅港站

图 3.4-11（二）　外洲站、李家渡站和梅港站各月最高水位变化及线性拟合

（2）月最高水位。月平均水位虽然能反映出河流水位的整体变化趋势，但对防洪安全影响最大的为河流最高水位。以下对三站河流最高水位进行分析。

图 3.4-11 为外洲站、李家渡站和梅港站 1955—2006 年各月最高水位变化及线性拟合。其中李家渡站月最高水位为 33.08m，出现在 1998 年 6 月，标准差为 1.7；梅港站月最高水位为 29.84m，出现在 1998 年 6 月，标准差为 2.7；外洲站月最高水位为 25.60m，出现在 1982 年 6 月，标准差为 2.1。根据三站月最高水位的线性拟合斜率，可以看出外洲站和李家渡站月最高水位整体呈下降趋势，梅港站呈上升趋势。

（3）年最高水位。图 3.4-12 为外洲站、李家渡站和梅港站年最高水位变化。外洲站最高水位为 1982 年的 25.60m，其次分别为 1994 年的 25.42m、1968 年的 25.13m、1998 年的 25.07m 和 1962 年的 24.98m；李家渡站最高水位为 1998 年的 33.08m，其次分别为 1982 年的 32.71m、1968 年的 32.35m、1989 年的 32.26m 和 1969 年的 32.22m；梅港站最高水位为 1998 年的 29.84m，其次分别为 1995 年的 29.36m、1992 年的 29.14m、1989 年的 28.99m 和 1955 年的 28.76m（见表 3.4-3）。三站的年最高水位序列具有较好的相关性，外洲站与李家渡站的相关系数为 0.790，与梅港站的相关系数为 0.574，李家渡站与梅港站的相关系数为 0.584，以上相关系数均在 0.01 水平上具有显著性，表明赣江流域、抚河流域和信江流域常会同时发生较高水位，从而造成整个鄱阳湖流域的大洪水。

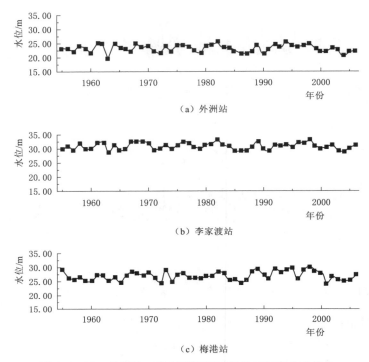

（a）外洲站

（b）李家渡站

（c）梅港站

图 3.4-12 外洲站、李家渡站和梅港站年最高水位变化

表 3.4-3 外洲站、李家渡站和梅港站年最高水位排序

站点	1	2	3	4	5
外洲	1982 年（25.60m）	1994 年（25.42m）	1968 年（25.13m）	1998 年（25.07m）	1962 年（24.98m）
李家渡	1998 年（33.08m）	1982 年（32.71m）	1968 年（32.35m）	1989 年（32.26m）	1969 年（32.22m）
梅港	1998 年（29.84m）	1995 年（29.36m）	1992 年（29.14m）	1989 年（28.99m）	1955 年（28.76m）

将外洲站、李家渡站和梅港站的年最高水位减去一个基准值（最低水位，分别为 14.66m，23.77m，17.44m）后按皮尔逊-Ⅲ型频率曲线进行适线，将频率值加上基准值得到三站相应保证率下的年最高水位（见表 3.4-4）。外洲站、李家渡站和梅港站保证率为 1%（即 100 年一遇）的年最高水位分别为 26.19m、33.43m 和 30.54m，2%（即 50 年一遇）的年最高水位分别为 25.78m、33.02m 和 29.98mm，5%（即 20 年一遇）的年最高水位分别为 25.19m、32.44m 和 29.18m，10%（即 10 年一遇）的年最高水位分别为 24.70m、31.96m 和 28.51m，20%（即 5 年一遇）的年最高水位分别为 24.14m、31.40m 和 27.73m。

表 3.4-4　　　　外洲站、李家渡站和梅港站年最高水位频率

频率/%	1	2	5	10	20
外洲站水位/m	26.19	25.78	25.19	24.70	24.14
李家渡站水位/m	33.43	33.02	32.44	31.96	31.40
梅港站水位/m	30.54	29.98	29.18	28.51	27.73

2. 流量统计

表 3.4-5～表 3.4-7 分别为外洲站、李家渡站和梅港站月平均流量及月最大流量统计（资料系列至 2006 年）。三站的月平均流量最大值和最大流量均发生在 6 月，外洲站、李家渡站和梅港站 6 月平均流量分别为 4914m^3/s、1072m^3/s 和 1535m^3/s；赣江 6 月平均流域为抚河及信江的 3～4 倍；三站的最大流量分别为 20400m^3/s（1982 年）、9950m^3/s（1998 年）和 13600m^3/s（1955 年），赣江最大流量约为抚河及信江的 2 倍。由于河流水位-流量变化存在较强相关性，对三站流量的时间序列变化不再进行详细分析。

表 3.4-5　　　　　　　外 洲 站 流 量 统 计　　　　　单位：m^3/s

月份	1	2	3	4	5	6	7	8	9	10	11	12
平均值	838	1225	2239	3702	4364	4914	2650	1747	1542	1103	983	822
最大值	7440	8210	17200	15600	15600	20400	15600	12100	13700	9250	12300	6210

表 3.4-6　　　　　　　李 家 渡 站 流 量 统 计　　　　　单位：m^3/s

月份	1	2	3	4	5	6	7	8	9	10	11	12
平均值	159	270	478	739	893	1072	490	208	164	134	166	149
最大值	3150	2650	5590	5820	7640	9950	8490	4890	4240	2490	2610	2080

表 3.4-7　　　　　　　梅 港 站 流 量 统 计　　　　　单位：m^3/s

月份	1	2	3	4	5	6	7	8	9	10	11	12
平均值	215	375	654	1000	1182	1535	704	345	271	186	206	175
最大值	4860	4500	5280	6830	8060	13600	11200	9320	4840	3080	6200	3870

3.4.3.3　湖口水位与鄱阳湖区洪水灾害

鄱阳湖区是鄱阳湖流域洪水灾害的重灾区。对比 1990—1998 年湖口最高水位和鄱阳湖区受灾面积的关系图（见图 3.4-13）发现，鄱阳湖区受灾面积随水位的增加急剧增加，表明鄱阳湖区的洪水受灾损失与湖口最高水位关系密切，相关系数达 0.98。

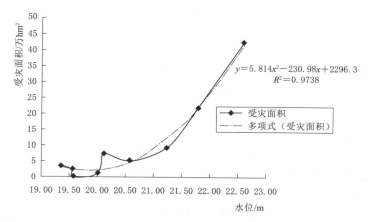

图 3.4-13　1990—1998 年湖口最高水位和鄱阳湖区受灾面积的关系图

　　湖口站是鄱阳湖水系出湖控制站，其水位既受鄱阳湖流域降水影响，也受长江中上游洪水顶托影响。一般情况下，鄱阳湖高水位是在"五河"洪水与长江洪水的共同作用下完成的，涨水段由"五河"洪水控制，峰段与退水段由长江洪水控制。

　　一般年份，4—6 月"五河"洪水来临时长江下游干流水位较低，"五河"洪水可顺畅排入长江，湖口出流量较大；7—9 月长江洪峰到来时，虽然"五河"来水减少，但此时长江干流下游水位已抬高，鄱阳湖水受长江高水位顶托，湖口出流量减小，排出较慢，使鄱阳湖的水位壅高。在有些年份，长江水位过高还会引起江水倒灌入湖，据 1950—2002 年湖口站实测资料统计，53 年中共有 42 年发生倒灌，尤其是长江干流下游的持续高水位会使鄱阳湖维持长时间的高水位，给湖区带来灾害。在长江干流汛期提前或鄱阳湖"五河"洪水推迟的反常年份，"五河"来水与长江洪水相遇，长江高水位顶托会使鄱阳湖汛期洪水排不出去，湖区水位迅速抬高，造成巨大洪水灾害。鄱阳湖最高洪水位主要发生在长江主汛期的 7—9 月，因此，长江大洪水是致使鄱阳湖区遭受洪灾的主要因素。

　　图 3.4-14 为湖口站实测 1950—2010 年最高水位变化，水位最高为 1998 年的 22.59m，其次分别为 1999 年的 21.93m 和 1995 年的 21.80m。从湖口站水位时间序列的线性拟合曲线上看，1950—2010 年间湖口站的实测年最高水位总体呈现明显的升高趋势。特别是 20 世纪 90 年代湖口站水位偏高（见表 3.4-8），与 20 世纪 50 年代、60 年代、70 年代、80 年代相比分别高出了 2.20m、2.20m、1.71m 和 1.44m，从 1950—1999 年水位升高明显，进入 21 世纪初后，水位又呈降低趋势。

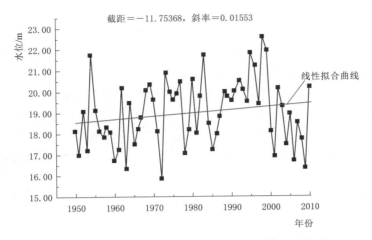

图 3.4-14   湖口站实测 1950—2010 年最高水位变化

表 3.4-8   **20 世纪 90 年代水位与其他年代比较**

年代	20 世纪 50 年代	20 世纪 60 年代	20 世纪 70 年代	20 世纪 80 年代	20 世纪 90 年代	21 世纪初
平均水位/m	18.48	18.48	18.97	19.24	20.68	18.03
与 20 世纪 90 年代差	2.20	2.20	1.71	1.44	0	2.65

20 世纪 90 年代鄱阳湖水位偏高的原因一方面与降水有关，根据前文分析可知，90 年代鄱阳湖流域降水偏多，暴雨场次也偏多，从而引起鄱阳湖水位偏高。另外，50—70 年代大量围垦致使湖面积缩小，湖容积减小，也是引起鄱阳湖水位升高的重要原因。据调查 1954—1978 年，鄱阳湖区在 21m 高程围垦总面积就达 1210km²。鄱阳湖区 1978 年以后基本停止了围垦，天然湖面得到相对稳定，湖口站水位 22.50m 的湖水面积 4060km²，相应容积 316 亿 m³。根据历年资料统计分析，在 80 年代围垦停止前后相近水位下农田受灾面积相差很大：例如，1975 年和 1994 年的湖口最高水位同为 19.55mm，1975 年的受灾耕地面积为 0.95 万 hm²，而 1994 年的耕地受灾面积为 2.67 万 hm²。

1998 年大洪水后，鄱阳湖区开展了大规模的"平垸行洪，退田还湖，移民建镇"工作，实施平退圩堤 270 座，实现了高水还湖面积 873.1km²，有效增加了鄱阳湖对洪水的调蓄能力，降低了洪峰水位，有利于降低鄱阳湖洪水位。

3.4.4　鄱阳湖区洪涝灾害规律分析

选择鄱阳湖区防洪代表站，建立年最高洪水位与洪灾损失的相关模型；确定鄱阳湖区洪水、洪灾等级，揭示鄱阳湖区洪涝灾害与灾害损失的规律。鄱阳湖不仅具有很大的调蓄能力，而且其出流受到长江的严重顶托，因此，鄱阳湖洪水频率既不能用出湖洪峰流量或洪量的频率表示，也不宜用入湖洪峰流量或洪量的频率表达，只能用洪峰水位或年最高水位的频率描述。

由于长江中下游湖泊的调蓄容积不断变化，以及个别年份的溃堤分洪（1954 年分洪 1023 亿 m^3）等因素，为使资料满足一致性的要求，采用水文学洪水演进方法，建立长江汉口—八里江（含鄱阳湖）江段的洪水演算模型，将历年最高水位还原到目前江湖环境条件下：

$$\left.\begin{array}{l} Q_{总入流} - Q_{出流} = \Delta V / \Delta t \\ V = f_1(Z_{湖口}) \\ Q_{出流} = f_2(Z_{湖口}, \Delta Z_{湖口} / \Delta t) \end{array}\right\} \quad (3.4-1)$$

式中：$Q_{总入流}$为汉口流量、汉口—湖口支流流量、鄱阳湖"五河七口"控制站流量及区间流量等几部分考虑传播时间叠加之和；$Q_{出流}$为湖口以下、长江干流八里江断面出流；V 为鄱阳湖容积与汉口—湖口江槽容积之和；$Z_{湖口}$为湖口水文站水位；$\Delta Z_{湖口}$为湖口水文站水位涨落率；Δt 为计算时段。

采用皮尔逊-Ⅲ型曲线进行频率计算：通过数学期望公式获得经验频率 P_m，采用最高水位均值 X、变差系数 C_v 和偏态系数 C_s 作为统计参数，按矩法初步估算统计参数、用经验适线法确定统计参数。

3.4.4.1　鄱阳湖区洪水等级划分

湖口水文站既是鄱阳湖洪水的出湖控制站，也是长江干流和鄱阳湖区的防洪代表站。通过对鄱阳湖区的星子站、都昌站与湖口站实测的年最高水位建立相关分析，星子站、都昌站最高水位与湖口站最高水位呈线性关系，相关系数分别为 0.997、0.995。因此，湖口水文站可以作为鄱阳湖区的代表站，以湖口站洪水资料作为依据，分析鄱阳湖区的洪水及洪灾特征。

采用湖口水文站的年最高水位对鄱阳湖区的洪水进行定级。对各大洪水年的洪水进行演算，获得 2002 年江湖调蓄条件下的 1950—2002 年洪水位。1954 年洪水还原的湖口水位为 24.53m，提出做特大值处理，据考证其重现期（N）可定为 200 年一遇，因此湖口站年最高水位频率曲线的经验频率和统计参数均按不连续系列计算。将湖口站 1950—2002 年最高水位减去一个基数 5.90m（最低水位）后，采用皮尔逊-Ⅲ型频率曲线按经验适线，得到频率曲线如图 3.4-15 所示。

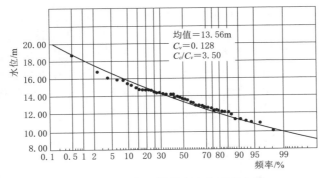

图 3.4-15   湖口站最高水位频率曲线

　　根据鄱阳湖洪水位频率计算成果和湖区防洪标准等因素,将鄱阳湖 2～100 年一遇洪水位划分为 6 个等级 (表 3.4-9),参照历年湖口站最高洪水位,分析得出鄱阳湖区洪水主要集中于 3 级 (10 年一遇) 以下,该等级以上的洪水发生。鄱阳湖区 4 级 (20 年一遇) 以上的洪水就属于特大洪水,1998 年实测洪水位 22.59m 相当于 4 级洪水,为特大洪水;2～4 级洪水为大洪水;2 级以下洪水为一般洪水;1级 (2 年一遇) 以下的洪水为常遇洪水,基本不会造成洪水灾害损失。

表 3.4-9   鄱阳湖洪水等级划分

分级	6	5	4	3	2	1
$P/\%$	1	2	5	10	20	50
重现期/年	100	50	20	10	5	2
湖口站水位/m	24.12	23.43	22.52	21.71	20.92	19.32

3.4.4.2　历史大洪水与大洪灾发生时间的分布规律

　　图 3.4-16 是接近或高于 2 级的大洪水时间分布的点列图,反映了鄱阳湖区典型大洪水年的分布情况。由图 3.4-16 可知,大洪水发生的年份有很大的随机性,在某些年代具有相对集中的趋势。20 世纪 70 年代初至 80 年代初是大洪水发生比较集中的时期,80 年代中期至 90 年代中期是大洪水少发期,90 年代中后期是大洪水发生频繁的时期,而进入 21 世纪之后,洪水又一次平息,长达 6 年的时间没有发生大的洪水。这也说明鄱阳湖区较大规模洪水的暴发具有间歇性,有一定的周期,该图显示每一个周期约为 20 年,这与长江中上游和鄱阳湖流域降水规律基本相

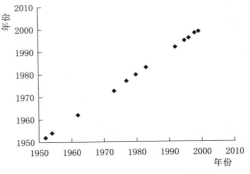

图 3.4-16   典型大洪水年时间分布

同。鄱阳湖流域的降水量也显示有一定的周期性，20 世纪 50 年代和 90 年代为偏多雨期，60 年代和 70 年代为偏少雨期，80 年代为降水比较平均的年代。

鄱阳湖在历年灾害总损失及农田受灾面积排在前 12 位的洪灾时间分布如图 3.4－17 所示。从图 3.4－17 中可以看出，洪灾损失较大年份与图 3.4－16 典型大洪水年时间分布规律基本相同，主要发生在 20 世纪 80 年代之后，尤其是 90 年代以后，发生次数急剧增加。

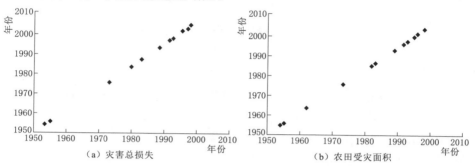

图 3.4－17　鄱阳湖区历年灾害总损失及农田受灾面积较大的洪灾时间分布

3.4.4.3　最高洪峰水位与洪涝灾害损失的关系分析

将湖口水文站的实测年最高洪水位和鄱阳湖区农田受灾面积建立相关关系，分析洪涝灾害损失的规律。图 3.4－18（a）为 1960—2005 年湖口最高洪水位与受灾面积关系图，当湖口最高水位低 19m 时，鄱阳湖区灾害较小，波动比较明显且与水位高度无相关关系；而当湖口最高水位高于 19m 时，受灾面积是随着水位的升高而增加，相关性比较明显。湖口最高水位低于 19m 的共有 22 年，其中有 18 年农田受到了损失，但损失较小，主要发生在 1985 年以前，20 世纪 90 年代的湖口最高水位均超过 19m。图 3.4－18（b）为 20 世纪 90 年代湖口最高洪水位与受灾面积关系图，由图可见，受灾面积随水位的升高急剧增加，趋势较图 3.4－18（a）更加明显，因此，可以说鄱阳湖区的洪涝灾损失与湖口最高洪水位相关性很强，相关系数达 0.992。

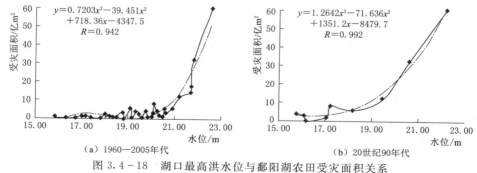

图 3.4－18　湖口最高洪水位与鄱阳湖农田受灾面积关系

3.4.4.4 洪涝灾害损失频率分布

洪水频率的分析应用十分广泛，但对洪水灾害损失进行频率分析目前比较少见。农田受灾面积不随经济发展等因素变化，因此选其作为随机变量，进行频率分析。图 3.4-19 是采用 1950—2002 年农田受灾面积制作的灾害损失频率曲线图，曲线拟合较好，说明鄱阳湖区农田受灾面积的变化基本上服从皮尔逊-Ⅲ型曲线的分布规律。从频率曲线看，当发生频率大于 20% 时，受灾的农田面积变化不大；但是当发生频率小于 20% 尤其是发生频率小于 10% 时，农田受灾面积随频率的减小而急剧增大。

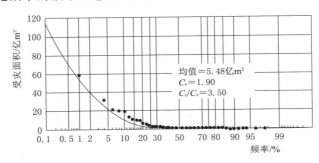

均值=5.48亿m²
$C_v=1.90$
$C_s/C_v=3.50$

图 3.4-19　农田受灾面积频率曲线

3.4.4.5 洪水灾害损失特点

据 1950—2002 年的洪水灾害损失情况的统计，2 年一遇以下的洪水基本上不形成洪灾，5 年一遇以上（即发生频率低于 20%）的洪水造成的灾害损失远大于该等级以下洪水造成的损失。鄱阳湖区一般洪水为 2～5 年一遇，在统计资料内，共发生过 24 次，造成的损失大约只占到历年总损失的 1/3，而 5 年一遇以上的洪水虽然只发生过 7 次，但是其损失却约占历年洪灾总损失的 2/3。可见，少数几次大洪水造成的灾害损失远大于多次小洪水造成的灾害损失。

3.5　小结

（1）本章以物理模型为手段预测了不同水文年鄱阳湖湖区水位受三峡水库运行调度影响的规律：

1）三峡工程预泄期。受长江干流出流增大的影响，鄱阳湖区水位出现了不同程度的抬高，鄱阳湖区各站最低水位抬高幅度在 0.30～1.11m 之间，平均水位抬高幅度在 0～0.83m 之间，水位抬高幅度湖口站＞星子站＞都昌站，湖口站、星子站和都昌站水位抬高幅度平均值 1998 年分别为 0.81m、0.7m、0.6m；2000 年分别为 0.83m、0.65m、0.4m；1986 年分别为 0.35m、0.1m、

0m。丰水年＞中水年＞枯水年，都昌站在丰、中、枯水年平均水位抬高幅度分别为 0.6m、0.4m 和 0m。在三峡预泄期的 5—6 月，鄱阳湖区水位较低，即使在丰水年（1998 年）湖口水位三峡工程运用后最大抬高日水位也仅为 12.85m，水位抬高不会增大湖区防洪压力。

2）三峡工程蓄水期。三峡枢纽出库流量减少，鄱阳湖区水位明显降低，鄱阳湖区各站最低水位变化幅度在 −1.39～−3.57m 之间，平均水位变化幅度在 −0.58～−2.10m 之间，水位下降幅度从湖口至湖区逐渐减弱，湖口站、星子站和都昌站平均水位变化幅度 1998 年分别为 −1.12m、−0.94m、−0.58m；2000 年分别为 −1.52m、−1.15m、−0.84m；1986 年分别为 −2.1m、−1.58m、−0.94m。枯水年＞中水年＞丰水年，都昌站在丰、中、枯水年平均水位变化幅度分别为 −0.58m、−0.84m 和 −0.94m。

3）三峡工程枯水发电期。为保证电厂出力所需流量，经三峡枢纽调节后下泄流量相比水库运用前增大，长江湖口段水位普遍抬高，受其顶托，鄱阳湖入江水道各站最低水位变化幅度在 −0.01～0.63m 之间，最小流量水位抬高幅度在 0～0.55m 之间，最大水位差抬高幅度在 0～0.73m 之间。水位影响程度的水文年规律为枯水年＞中水年＞丰水年，水位抬高幅度从湖口至湖区逐渐减弱，水位抬高只影响到星子站，星子站上游湖区各站基本不受影响。

（2）通过收集 1983 年以来 130 多景无云卫星遥感影像，以及 1993 年以来的湖区水文站点的水位数据，对鄱阳湖区水体面积进行了计算分析，建立了鄱阳湖水体面积遥感计算模型，论证了鄱阳湖面积随星子站水位升高而增大的同时，还存在明显的季节变化。并分春夏季（1—7 月）和秋冬季（8—12 月）两个季节段，拟合出鄱阳湖水位-面积、水位-容积关系曲线，为研究鄱阳湖水位监测预测提供了的重要工具。

（3）为提高鄱阳湖湖区水文预报精度和时效，本章研究并编制了湖泊水量平衡和多要素相关分析预报两种方案，并以星子站进行预报检验，经检验，预报方程相关系数为 0.9961，预报平均误差为 0.07m，均方误差为 0.06m，方案合格率为 78.8%。这两种预报方案均可作为鄱阳湖洪水的预报方案，其成果较为合理。

（4）研究了鄱阳湖洪水的孕育环境和致灾因子特点。鄱阳湖流域年降水量存在两个明显的周期变化，分别为 30 年左右和 10 年左右。鄱阳湖流域年降水量在 30 年周期尺度在整个研究时段内都很显著，从 20 世纪 50 年代至 2010 年呈现了降水偏多—降水偏少—降水偏多三个阶段的变化。在年降水量的空间分布上，江西省的东北部和西北部偏多，多在 1700mm 以上；从两侧向中间，年降水量逐渐减少，在北部和南部的中部分别达到最少，在

1400mm 左右。

　　鄱阳湖区的洪水受灾损失与湖口最高水位是相关的。1950—2010 年湖口站的实测年最高水位总体呈现明显的升高趋势，特别是 20 世纪 90 年代湖口站水位偏高，进入 21 世纪初后，水位呈现降低趋势。20 世纪 50—70 年代大量围垦致使湖面积缩小，湖容积减小，是引起鄱阳湖水位升高的重要原因。1998年大洪水后，鄱阳湖区开展了大规模退田还湖工作，有效增加了鄱阳湖对洪水的调蓄能力。

第 4 章

鄱阳湖圩堤险情孕育机制与监测

鄱阳湖滨湖圩堤数量和类型众多，水情、工情和险情复杂，长期以来，存在致溃险情孕育机制不明、险情隐患精准探测手段不多、溃口模拟和水文应急测报不准等难题。阐明圩堤水情工情险情特征，探明圩堤险情的孕育机制、突破渗漏隐患综合探测、溃口模拟与水文应急测报等关键技术，是洪涝灾害防御必不可少的基础工作，也是实现圩堤险情及早发现、正确识别、精准处置的重要前提。

本章通过鄱阳湖圩堤水情工情险情特征分析、复杂工况下鄱阳湖圩堤致溃险情孕育机制探秘、堤坝渗漏隐患综合探测技术和圩堤溃口模拟与水文应急测报技术创建，阐明了鄱阳湖区圩堤致溃险情破坏机理，提高了险情监测精准度与溃口模拟测报水平。

4.1 鄱阳湖圩堤特征

4.1.1 鄱阳湖圩堤工程特点及洪水特征

1. 工程特点

鄱阳湖圩堤修筑在滨湖尾闾河湖漫滩之上，地处冲积平原，受长期的水力运动，上游挟带的细粒泥沙，慢慢沉积并覆盖在河床上，形成上部为细砂或黏土、下部为粗砂和卵（砾）石的沉积结构，地质上属典型的下粗上细二元结构。圩堤修筑时就地取材，堤身由细砂或黏性土组成。特殊的筑堤材料和堤基特点，决定了圩堤需要进行必要的防渗处理，才能提高洪水抵御能力。

鄱阳湖圩堤防洪标准总体偏低，基本采用就地取土填筑，或在原有圩堤的基础上加高培厚而成，存在新老堤身接头多、堤基地质条件差、堤身填筑质量差、穿堤建筑物与堤身结合部压实度低、堤前堤后覆盖层薄弱、动物洞穴多等短板，导致历年汛期均出现不同类型、数量众多的险情。

2. 洪水特征

鄱阳湖流域雨量丰沛，每年 4—6 月为主汛期，雨水汇入五大河流并进入鄱阳湖，水位开始上涨。长江中上游主汛期比江西省晚 1～2 个月，由于汛期错开，正常年份不会产生大洪水。若鄱阳湖流域汛期推迟或延长，叠加长江中上游强降雨影响，湖水随"五河"来水迅速上涨，受长江托顶甚至倒灌而难以消退，对鄱阳湖构成"上来下顶"之势。这种独特的江湖关系对鄱阳湖洪水影响深远，受"五河"来水和长江水顶托双重影响，鄱阳湖历史上洪涝灾害频发，一旦遭遇上述最不利因素，鄱阳湖高水位运行时间长久，有时甚至长达数月，湖区圩堤挡水时间很长（见图 4.1-1）。

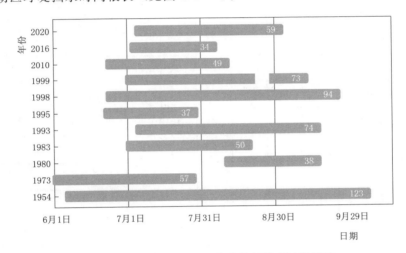

图 4.1-1 鄱阳湖星子站高水位超警戒天数统计

4.1.2 鄱阳湖圩堤险情特性

1983 年鄱阳湖发生流域性大洪水，江西省圩堤出险总数为 5531 处，泡泉险情排第一位，共 1817 处，占比 32.85%。1998 年汛期，南昌市所辖圩堤发生险情中管涌排第一位，占比 30.6%；成朱联圩发现泡泉多达 1820 个，其中涌口直径 10cm 以上的大泡泉多达 593 个，涌口直径 20cm 以上的特大泡泉有 52 个。1998 年鄱阳湖区的大小圩堤发生较大险情 1702 处，其中有 872 处都是管涌，占比 51.2%，长江干堤发生较大险情 698 次，其中管涌 366 次，占比 52.4%。2020 年鄱阳湖流域超历史大洪水中，29 条重点圩堤共发生险情 1318 处，其中管涌（泡泉）险情共发生 681 处，占比 51.7%，详见表 4.1-1。另外，为实现防洪、排涝、取水、灌溉等功能，各条圩堤均建有数量众多的穿堤涵管、泵站、水闸等建筑物，这些穿堤建筑物大部分建于 20 世纪 60—70 年代，长期带病运行，接触冲刷险情已成为威胁圩堤安全的最大隐患，每年汛期都是圩堤防守的重中之重。

表 4.1-1 　　　　　　　2020 年汛期鄱阳湖重点圩堤险情统计表

序号	堤防名称	散浸	管涌	滑坡	风浪	跌窝	漏洞	裂缝	漫顶	其他	合计
1	成朱联圩	186	125	1	1		4			9	326
2	南新联圩	2	9		2					1	14
3	永北圩	30	29	2		5			2	3	71
4	九合联圩	29	70	2		3				2	106
5	饶河联圩	6	48	3	3	2	1				63
6	乐丰联圩	45	89	2	2	2					140
7	畲湾联圩	5	20			2		4			31
8	信瑞联圩	34	25	2	8	1		2	1	1	74
9	廿四联圩	25	57	3	3		1			1	90
10	梓埠联圩	15	11			1					27
11	蒋巷联圩	1	7			1					9
12	红旗联圩	7	23		1	5		1			37
13	南湖圩	10	9	1				1	1		22
14	西河东联圩	12	74	1		2	14	2			105
15	珠湖联圩	8	8			1	4		3		24
16	古埠联圩	10	10			1					21
17	康山大堤	28	8	2		1				4	43
18	枫富联圩	20	18			5				2	45
19	沿河圩	3	3			1					7
20	三角联圩		20			1					21
21	郭东圩		2								2
22	共青联圩	3	1	1							5

序号	堤防名称	散浸	管涌	滑坡	风浪	跌窝	漏洞	裂缝	漫顶	其他	合计
23	附城圩						1				1
24	信西联圩		6	2							8
25	叽山联圩	9	4	1		1					15
26	长乐联圩	3	2							1	6
27	棠墅港左堤		1								1
28	赣西联圩	1	2								3
29	双钟圩	1	0								1
	总计	493	681	23	20	35	25	10	8	23	1318

4.2 鄱阳湖圩堤险情孕育机制

4.2.1 管涌险情孕育机制研究

4.2.1.1 细观尺度内管涌险情扩散模型试验

1. 研究目的

当前内管涌试验研究一般基于缩尺模型，辅以相关监测手段，获得的往往是模型边界面（表观）或内部少量离散点信息，无法对内管涌本质特征——细颗粒运移及流失规律进行动态、全息的获取。因此，设计出具备透视功能从而实现全息展示细颗粒动态运移的试验对解释内管涌发生发展应该更有理论与实际意义。

满足"直接深入观察"及"经济可操作"基本特征将成为土体内部渗透变形研究趋势。因此，尝试融合透明土、平面激光诱导荧光显像及粒子示踪技术，从细观尺度深入土体内部直观地揭示内管涌细颗粒运移特征，具有重要的物理意义。

2. 研究方法

准确地从细观层面获取内管涌发生、发展过程中细颗粒运移特征及内部结构性变化是内管涌试验的首要目标。

发挥细观 DEM 优势，联合相应流场分析方法，建立颗粒-孔隙尺度分析模型，开展内管涌影响因素研究，明确细粒在力链构成中的角色及其变化特征，将有助于从细观层面深入揭示内管涌孕育机制。

3. 研究方案

内管涌为颗粒-孔隙尺度行为，为突破基于 GSD 曲线进行内管涌土体稳定性判别方法（如 K&L：材料分级形状曲线），引入并融合先进技术，从内管涌几何条件入手，深入直观获取不同应力状态下真实骨料孔隙特征信息，追踪不同细颗粒含量、水力条件等因素下，细颗粒在孔隙中侵蚀起动、运移、淤堵、成拱系列现象，初步建立内管涌与各因素的关联，在细观孔隙尺度，提出内管涌判据，揭示管涌机理。具体通过融合透明土技术、平面激光诱发荧光显像技术及粒子示踪法建立内管涌可视化模型试验平台，深入内部开展内管涌发生、发展过程无损观测。

（1）试验原理。选用物理力学性质与天然土颗粒相近透明颗粒材料模拟"土"颗粒，配置折射率与所选用透明颗粒材料相同的混合油或者无机溶液模拟孔隙液体（依据渗透相似准则，统一增加粒径以补偿溶液黏滞系数增长对渗透系数影响）；在液体中添加荧光剂，根据激光诱发荧光原理，在固相与液相间形成不同亮度光影；选用示踪荧光粒子代表部分细颗粒（局部及相关点布置），展现细粒侵蚀起动、运移、沉积、堵塞及成拱等过程。基于模型骨架孔隙特征、细颗粒运移特征，初步揭示内管涌细观机理，为后续研究提供试验基础。

（2）试验装置设计。内管涌渗透可视化模型试验系统主要组成：①变水头控制系统；②渗透主体装置；③渗透主体装置；④激光发生及平移控制系统；⑤高速相机；⑥液体循环系统。

细颗粒粒径小于粗骨料有效孔径是颗粒运移的必备条件，因此，需依据可反映颗粒形态、孔隙率等因素的 CSD 曲线，进行几何条件判别。以此为出发点，重构三维模型，针对不同影响因素，考虑细粒在力链构成中的参与度，以完成力学条件判别，为预测模型提供重要支持。

4. 结论与分析

（1）内管涌透明土试验及三维重构。

1）固定激光器位置。将激光器固定在直线滑台上，滑台移动方向与激光平面垂直，使滑台移动方向平行于透明模型箱的其中一个侧面。

2）扫描及三维可视化。利用透明土技术和平面激光诱导荧光显像技术，沿箭头方向，匀速对透明土样进行扫描，获取固液分明的二维切片图像。引入 Avizo 软件，基于体绘制（volume rending）进行土样三维可视化，如图 4.2-1 所示。

3）依据 CSD 曲线进行土体渗透稳定评价。根据生成的孔隙网络模型，统计颗粒粒径大小、孔隙等效直径、喉管直径（见图 4.2-2）。

图 4.2-1　颗粒骨架三维合成图像及孔隙网络模型

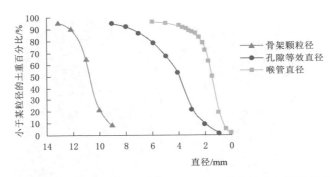

图 4.2-2　骨架颗粒粒径、孔隙等效直径、喉管等效直径统计分布曲线

采用 Moraci 等（2012）的方法，预测最松散状态和最密实状态下的临界细颗粒粒径分布曲线 GSD。在最疏松状态下或在最紧密状态下，当喉管直径较小时，预测的细粒 GSD 曲线在 CSD 曲线下方，随着喉管直径增大，预测的细粒 GSD 曲线和 CSD 曲线有交点，说明最大的喉管直径均大于细颗粒的最大直径；当土体中的细粒 GSD 曲线在预测的细粒 GSD 曲线左边，土体将会发生内侵蚀，土体内部不稳定，如图 4.2-3 所示。

（2）基于重构 PFC³ᴰ 模型开展内管涌力链分析。对从 Avizo 软件中所提取的颗粒参数信息进行坐标处理及排版，并制成 PFC³ᴰ 能够读取的 Text 文件，随后通过 PFC³ᴰ 内置 Fish 语言中数据读入及字符串拆分命令编制信息读入程序，最后通过两次 Loop 循环嵌套命令以及球颗粒按指定坐标、指定半径生成的命令生成球颗粒，完成 PFC³ᴰ 程序内建模如图 4.2-4 所示。

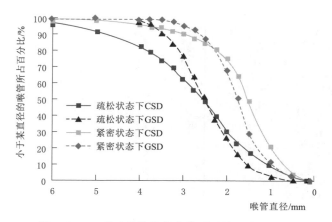

图 4.2-3 通过喉管分布曲线预测粒径分布曲线

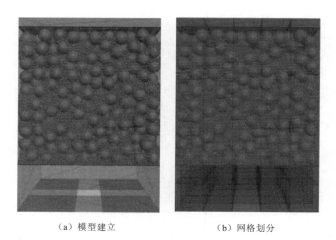

（a）模型建立 （b）网格划分

图 4.2-4 数值模型建立

（3）不同土样管涌发展机制研究。

1）基于 Kenney 提出的基于颗粒粒径的判别式，对表 4.2-1 所示三组级配土样进行了室内侵蚀性管涌的模型试验研究。

表 4.2-1 各组土样基本参数

土样	骨架颗粒	细料颗粒	细料含量	孔隙率	$(H/F)_{min}$
A 组	2～7mm（G_s=2.83）	0.25～1mm（G_s=2.83）	20.0	0.20	1.51
B 组	14mm（G_s=2.63）	0.25～1mm（G_s=2.83）	26.8	0.28	0
C 组	2～7mm（G_s=2.83）	0.075～1mm（G_s=2.63）	30.0	0.15	0.44

利用数值模拟对上述三组土样展开进一步细观机理层次上的研究。表中三组土样孔隙率不同，A 组土样为 2～7mm 粗颗粒骨架与 0.25～1mm 细颗粒混合，$(H/F)_{min}$ 为 1.51，为渗流稳定型土；B 组土样为 14mm 粗颗粒骨架与 0.25～1mm 细颗粒混合，$(H/F)_{min}$ 为 0，为渗透破坏性土；C 组土样为 2～7mm 粗颗粒骨架与 0.075～1mm 细颗粒混合，$(H/F)_{min}$ 为 0.44，同样为渗透破坏性土。

三组土样的级配曲线如图 4.2-5 所示。

2）A 组试验结果分析。图 4.2-6 给出了模型内部距离上游 0～6cm、6～12cm 范围内细颗粒数量占总数百分比随时间变化的规律。图 4.2-7 给出了模型在 60s 及 200s 时内部力链的分布情况。

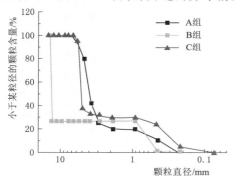

图 4.2-5　土样级配曲线图

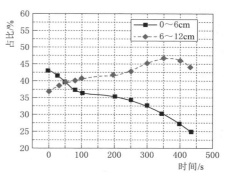

图 4.2-6　颗粒数量占比
随时间变化的规律

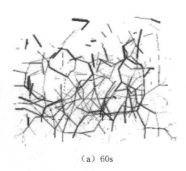

（a）60s

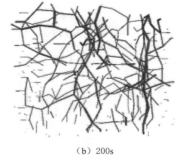

（b）200s

图 4.2-7　力链分布情况

细颗粒流失量随粒间接触力链方向概率分布的变化而变化，原因在于颗粒体系所受外界条件变化时形成的力链结构决定了其宏观表现。模拟过程中，模型内部结构伴随粒间接触力链不断向轴向集中以抵抗渗流力而维持稳定，但轴向力链的断裂同时导致已经形成的稳定结构发生破坏，致使土体内部颗粒体系重新调整以形成新的稳定结构，在此期间细颗粒便会发生大量流失。

结合颗粒间接触力链方向概率的变化可以分析在初始阶段 $0 \sim 30\text{s}$ 时间内，颗粒流失量从快速增长趋势进入平缓趋势的原因为此时粒间力链迅速向轴向集中以抵抗渗流力，土体结构得以维持稳定，从而致使细颗粒流失率出现缓和平台；随着时间进展，$30 \sim 80\text{s}$ 时间段内，颗粒流失量继续增加，力链方向概率分布范围变宽，在 $60° \sim 120°$ 范围内的力链分布概率降低，表明此时土体内部竖向力链发生断裂，内部结构发生破坏；但之后土体内部迅速重新建立稳定结构，于是细颗粒流失量出现第二个缓和平台，位于 $80 \sim 380\text{s}$ 时间段内，同时该缓和平台持续时间较长，颗粒流失速率趋于稳定，符合流土型土的特性。

200s 与 400s 时间节点处力链方向分布概率及细颗粒流失趋势进一步表明，力链向轴向集中形成竖向力链能够维持土体内部结构稳定，在宏观上的直观表现主要体现为减少细粒流失。

3）B、C组试验结果分析。在本次模拟中，B、C 两组虽均出现管涌现象，但其颗粒流失速率随时间推移的变化规律却有所不同。在模拟过程中，两组均出现明显的管涌衰减现象，即颗粒流失速率随时间降低。同时，B组试验的颗粒流失速率还呈现出一种波动降低的特征。出现这种现象的原因是因为 B、C 两组不同的颗粒级配致使其内部土体结构截然不同，从而造成 B、C 组土体内部接触力链组成形式也不同。图 4.2-8 给出了 30s、80s、230s、430s 时刻 B、C 组力链总数及删去细颗粒后力链总数的变化情况。

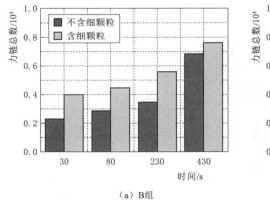 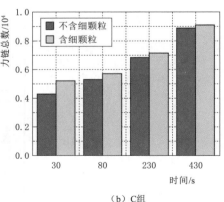

（a）B组　　　　　　　　　　　（b）C组

图 4.2-8　力链总数随时间变化情况

在颗粒物质力学中，颗粒物质受到的外力基本由力链所承担。从图4.2-8可看出，对于B组土样，力链总数因细颗粒的删除而随之发生明显变化，意味着其粒间力链成分不全由粗颗粒构成，部分细颗粒也参与了力链构成，粗颗粒之间非完全接触支撑；而C组在细颗粒删去后力链总数虽有变化但降幅很小，基本保持不变，说明该组力链成分主要由粗颗粒构成，粗颗粒间能相互支撑形成稳定结构，即起到"骨架"的作用。

C组试验中，接触力链附近分布弱接触力数目极少，且大多为与墙体边界之间的接触，所以细料的流失不会对土体内部力链结构产生影响，故在管涌侵蚀过程中很难因细颗粒的流失而导致土体内出现区域性"扰动"。因此，C组试验的颗粒流失速率呈单调衰减趋势，且收敛速度较快。

B、C两组孔口流量同样也出现与细颗粒流失速率相同的变化规律，即先快速增长并逐渐趋于稳定，但两者变化规律却不同。B组试验孔口流量在初始阶段表现为"台阶式"上升，而C组试验则表现为平滑上升。

对于B组，正是由于细颗粒的流失会对土体内部骨架颗粒产生影响从而导致相关区域出现"扰动"，土体内部因此发生调整形成新的力链结构以维持结构稳定，期间不可避免会对已经形成的渗流通路造成影响。于是孔口流速在模拟过程中便会随渗流通路不断调整而出现波动；反观C组，由于细料的流失不会对其土体内部骨架颗粒产生影响，因此该组土样的内部结构能在管涌发生过程中保持相对稳定。随土体内部细颗粒的流失，其内部管涌通路不断扩展，同时土体结构仍能保持稳定状态，因而孔口流速在初始阶段出现平滑快速上升趋势。

（4）结论与分析。

1）针对内管涌的侵蚀机理进行研究，为解决现有管涌试验方案不能全方位动态监控管涌发生发展过程中，细小松散颗粒在骨架空隙中运移过程及流失规律，引入并融合透明土技术、平面激光诱发荧光显像技术，搭建内管涌渗透可视化模型试验平台，对透明土进行三维重构，实现内管涌土体的三维可视化。

2）为了从细观颗粒孔隙尺度，提出内管涌判据，揭示内管涌发展机理。通过得到的喉管分布曲线预测临界的细颗粒粒径分布曲线，进而评价土体的内部稳定性。根据预测临界的细颗粒粒径分布曲线进行物理模型试验，验证评价体系的可行性。

3）细料含量增加使其细颗粒流失速率在初始阶段会随之降低；同时细料含量提升造成细颗粒参与构成弱接触的数量增加同时，使得细颗粒更多参与构成力链。摩擦系数的提高使得细颗粒在粗颗粒形成的孔隙通道中运移时所受摩阻力增大，在模型初始阶段细颗粒流失速率随之不同。摩擦系数提升有助于增强土体内已形成力链结构的稳定性，当细颗粒参与力链构成时，摩擦系数增加能使该部分细颗粒难以在水流作用下产生松动迁移，因此可得摩擦系数提升有助于增强土体内部力链结构稳定性，同时提高土体稳定性。

4.2.1.2　小尺度内管涌险情扩散模型试验

1. 试验目的

利用系列小型物理模型试验，研究二元结构地层覆盖层及其与砂层接触关系对管涌险情发生发展的影响机理。

2. 试验模型

小型物理模型为一尺寸为 60cm×30cm×30cm（长×宽×高），左右两侧各宽为 10cm 的进−出水室，并装有排气阀，见图 4.2−9。模型材料为厚度 12mm 的有机玻璃材料。模型槽顶面为刚性有机玻璃盖板，采用螺母与模型主

图 4.2−9　试验装置实物

体密封，盖板与土层接触处采用柔性橡胶垫。距离进水室 40cm 处设有直径为 3cm 的出水口，模拟覆盖层被冲破后所形成的管涌口。模拟管涌口直接揭穿上覆黏土盖层，本试验仅研究管涌的发生发展过程。在模型中间高度位置，沿渗流方向，每隔 6cm 布置 1 根直径为 0.8cm 的测压管，测压管探头距离侧壁 15cm。

3. 试验材料

采用长江流域典型阶地粉细砂，为典型的二元结构易形成管涌的砂土样。试验砂样物理力学指标见表 4.2−2。

4. 试验方案

针对黏土覆盖层的密实度、厚度及覆盖层与砂层的接触面特性设置 6 组试验，试验方案见表 4.2−3。需要说明的是，覆盖层与砂层接触面设置无过渡层和含过渡层两种处理，过渡层处理用来反映长江阶地地层岩性特征，试验中在淤泥质黏土覆盖层与砂层界面处增加 2.5cm 厚的过渡层，层内采用黏土与粉细砂按照 1∶1 的比例进行混合。

表 4.2−2　　　　　　　　　试验砂样物理力学性质

供试土	d_{60}/mm	d_{30}/mm	干密度/(g/cm)	渗透系数/(cm/s)	破坏比降
粉细砂	0.19	0.14	1.40	$8.7×10^{-3}$	1.2

表 4.2 - 3   试 验 方 案

试验	密实度/(g/cm³)	覆盖层厚度/cm	界面接触关系
试验 1	1.40	5.0	无过渡层
试验 2	1.45	5.0	无过渡层
试验 3	1.5	5.0	无过渡层
试验 4	1.45	5.0	有过渡层
试验 5	1.45	2.5	无过渡层
试验 6	1.45	10.0	无过渡层

5. 试验监测

压力监测：距离模型底部 15cm 高度、沿纵向中心轴线布置测压管，测压管间距为 6cm，测压管直径为 0.8cm。测压管从模型侧面安装，并与侧压板相连接。同时，在进水室安装一测压管，则共需布置 10 个测压管。

流量监测：将模型四周用高度为 1cm 的有机玻璃条挡住，在出水口方向开一个排水槽，收集管涌用水量。采用该方式可准确测量管涌流量的同时，不扰动管涌沙丘及管涌口扩展情况。采用量杯测量管涌流量。

管涌排沙量监测：采用植入式悬浮物测定仪，实时显示管涌口水质悬浮物含量。为了确保传感器测试数据准确，管涌口距离以溢水口面 1.5cm，传感器悬于管涌口正上方，浸入水面 1cm。

覆盖层变形监测：在整个试验过程中，利用高精度摄像机全程记录管涌孔扩展过程。为了后期数据处理，则在模型四周贴上刻度，以便测量管涌扩展形态。

管涌口扩展观测：根据砂层水头变化、管涌口扩展情况，从管涌口至进水室方向，逐步揭开有机玻璃盖层。动态记录管涌口扩展影响。

6. 试验主要结果

（1）覆盖层密实度对管涌发生发展的影响。图 4.2 - 10 为不同覆盖层密实度管涌流量随比降变化曲线。从图中可知，试验初期未发现管涌现象时流量随水力梯度的增大而增大，基本呈线性增长关系，当比降超过各组试验的临界比降时，流量突然增大，说明此时渗透变形开始发生，管涌通道形成，随着比降的继续增大，流量继续加大，且增大的速率加快，该阶段为管涌通道不断扩展的过程。在此过程中不断伴有泥沙被带出，直至管涌通道贯通出现大量涌沙。从图中还可得知在相同水力梯度条

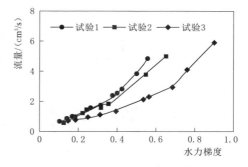

图 4.2 - 10 不同覆盖层密实度管涌流量随比降变化曲线

件下，覆盖层密实度越大，其流量越小，透水性较差。

表 4.2-4 为不同试验方案管涌险情发生与致溃参数。从表中可知，二元结构黏土覆盖层密实度由 1.4g/cm³、1.45g/cm³、1.5g/cm³ 逐级增大时，二元结构的管涌启动的临界比降和管涌致溃时的比降分别为 0.26、0.35、0.39 和 0.55、0.64、0.89，均呈逐渐增大的规律。试验结束后，拆除模型，发现管涌险情主要是沿着覆盖层与粉细砂土交界面发展（图 4.2-11）。为试验结束后覆盖层破坏情况，试验 1（密实度 1.4g/cm³）覆盖层破坏较试验 2（密实度 1.45g/cm³）和试验 3（密实度 1.5g/cm³）破坏严重，土层完全塌陷，该结果说明密实度较小时覆盖层较容易被管涌侵蚀破坏。以上试验结果表明：二元结构黏土覆盖层的密实度对管涌发生与致溃影响显著，且随覆盖层密实度增加，管涌险情发生与致溃所需要更高的水头，即覆盖层越密实，覆盖层与砂层的接触紧密，越不利于管涌险情的发生与致溃。

表 4.2-4　　　　　　不同试验方案管涌险情发生与致溃参数

试验	密实度 /(g/cm³)	厚度 /cm	接触关系	管涌启动的临界条件		管涌发展的致溃条件	
				作用水头/cm	临界比降	作用水头/cm	破坏比降
试验 1	1.4	5	无过渡层	69.0	0.26	83.0	0.55
试验 2	1.45	5	无过渡层	74.5	0.35	91.5	0.64
试验 3	1.5	5	无过渡层	79.0	0.39	96.1	0.89
试验 4	1.45	5	含过渡层	92.5	0.56	99.8	0.85
试验 5	1.45	2.5	无过渡层	49.5	0.13	54.3	0.20
试验 6	1.45	10	无过渡层	69.0	0.19	78.8	0.63

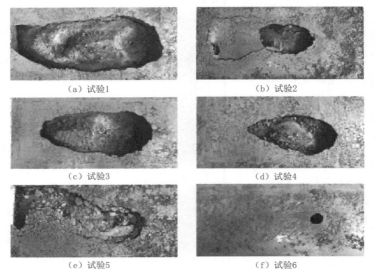

（a）试验1　　　　　　　　　（b）试验2

（c）试验3　　　　　　　　　（d）试验4

（e）试验5　　　　　　　　　（f）试验6

图 4.2-11　覆盖层破坏情况

（2）覆盖层厚度对管涌发生发展的影响。图 4.2-12 为试验 2、试验 5 和试验 6 不同覆盖层厚度的管涌流量随比降变化曲线。从表 4.2-4 可知，覆盖层厚度为 2.5cm 时，其临界比降和破坏比降为 0.13 和 0.20，较厚度为 5cm 和 10cm 的情况均较小。同时，试验过程中管涌在短时间内便发展贯通，图 4.2-11 中试验 5 图片可以看出较其他条件厚度较小时覆盖层被管涌侵蚀严重，破坏后管涌通道上部全部塌陷破坏；厚度增加到 10cm 时，其临界比降和破坏比降为 0.19、0.63，较 5cm 厚度的情况无明显差异，图 4.2-11 中试验 6 图片为覆盖层为 10cm 情况下管涌发展贯通后其表面的情况，与其他试验条件相比其表面结果完整，没有出现明显的塌陷和裂缝。试验结果表明：说明黏土覆盖层的厚度较小时，管涌发生后可以在较短时间内贯通；但覆盖层厚度增加至一定程度后，管涌发展的临界比降和破坏的比降并没有明显提高。

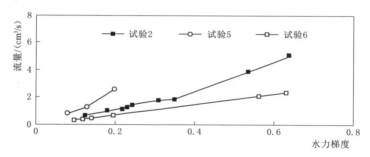

图 4.2-12 不同覆盖层厚度管涌的流量随比降变化曲线

（3）覆盖层与粉细砂界面接触关系对管涌的影响试验分析。图 4.2-13 为覆盖层与砂层接触面含过渡层与不含过渡层时流量随比降的变化曲线。可以看出接触面不含过渡层时其曲线变化平顺，接触面含过渡层时其曲线变化存在多处拐点，比降在 0.17~0.35 区间时流量增大，在 0.35~0.56 区间流量继续增大，但增长速率明显，在 0.56~0.65 和 0.65~0.81 两个区间内呈现相同的规律。将管涌发展形成后的通道近似认为是自由出流的有压管道，其流量与水头的关系式可采用公式

$$Q = \mu_c A \sqrt{2gH}$$

式中：Q 为管道中的流量；μ_c 为管道系统的流量系数；A 为管道过水断面面积；H 为管道的水头。

流量的变化取决于过水断面的面积和管道的水头，在过水断面不变时，管道水头增大，其流量相应增大，试验过程中随着水头的增大流量增长的速率在不断改变，因此根据公式并结合试验过程中管涌口涌沙含泥量较高且时断时续的现象推测其原因是接触面含过渡层时，过渡层中的黏土颗粒会对管涌的通道产生一定程度的淤堵，导致通道过水断面面积发生改变，进而使流量的增长速

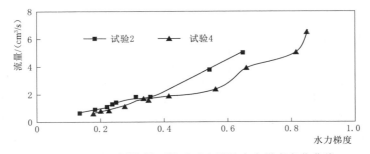

图 4.2 - 13　不同接触面性质时流量随水力梯度变化曲线

率改变。从表 4.2 - 4 中可知，覆盖层与粉细砂层界面接触为岩性过渡接触时，其管涌发生的临界比降和管涌致溃比降均比不含过渡层的情况明显增大，这表明覆盖层与粉细砂层界面接触为岩性过渡接触，或者说，界面越粗糙，越不利于管涌发生及扩展。

4.2.2　接触冲刷险情孕育机制研究

4.2.2.1　由裂缝导致接触冲刷模型试验

针对穿堤建筑物周边土体和刚性建筑物接触面处出现裂缝，因裂缝产生的集中渗漏侵蚀过程和机理进行了模型试验，揭示了穿堤建筑物与堤身结合部由于裂缝产生接触冲刷险情的孕育机制。

1. 试验方案

取粉细砂和砂壤土等典型圩堤土样，模拟穿堤建筑物周边土体与刚性建筑物周边之间存在裂缝的情况，研究裂缝尺寸（宽度、长度）对侵蚀过程的影响，对比无裂缝、裂缝不同尺寸情况下的临界水头、侵蚀土量，建立侵蚀土量与剪切力的关系模型，如图 4.2 - 14 所示。

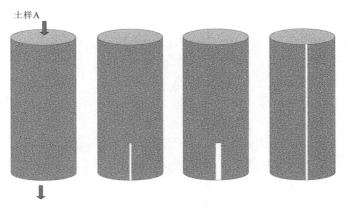

图 4.2 - 14　穿堤建筑物周边裂缝集中渗漏侵蚀试验方案

测量参数：水头、渗流量、侵蚀量、土体位移、试验现象。

2. 试验概况

图 4.2-15　垂直渗透仪

垂直渗透仪（图 4.2-15），内径 18.6cm，高 50cm，土样安装高度 20cm，在渗透仪侧面安装测压管监测试验过程中土体内渗透压力，侧面靠上部位置设有出水口，用量筒量测渗流量。选取均匀砂和不均匀砂两组砂样，分别进行渗透试验模拟，水流方向从下往上。砂样的物理力学性质见表 4.2-5，颗分曲线如图 4.2-16 所示。

表 4.2-5　　　　　　　　试验砂样的物理力学性质

砂样编号	d_{60}	d_{30}	d_{10}	C_u	渗透系数/(cm/s)
砂样 A	0.45	0.19	0.08	5.6	7×10^{-4}
砂样 B	1.2	0.28	0.16	7.5	1×10^{-2}

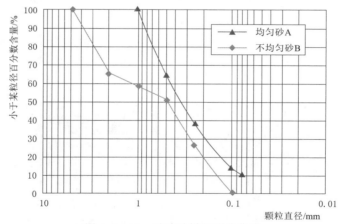

图 4.2-16　试验砂样的颗分曲线

在砂样中预埋孔径分别为 1cm 和 2cm、高度分别为 10cm 和 20cm 的圆管，试验时抽出预埋管，模拟圩堤中穿堤建筑物周边接触不密实的情况，并与接触良好的工况进行比较。试验方案和结果见表 4.2-6。

表 4.2-6　模拟圩堤中穿堤建筑物周边接触不密实情况的试验方案和结果

试验编号	砂样	土样高度/cm	孔洞直径/cm	孔洞高度/cm	临界水力比降
1	A	20	0	0	0.95
2	A	19	0	0	1.56

试验编号	砂样	土样高度/cm	孔洞直径/cm	孔洞高度/cm	临界水力比降
3	A	19	0	0	1.12
4	A	20	0	0	1.32
5	A	20	0	0	1.06
6	A	20	1	10	0.92
7	A	20	2	10	1.26
8	A	20	2	10	1.06
9	A	20	2	20	0.94
10	B	19	0	0	1.03
11	B	20	0	0	0.91
12	B	20	1	10	0.94
13	B	20	2	10	0.92
14	B	20	0	0	0.94

3. 试验结果分析

试验分别选取了粉细砂且含10%黏粒的砂样 A 和粗砂与细砂混合的砂样 B 开展试验工作。

砂样 A：临界水头前，仅有极少量黏性颗粒随渗透水流带出，超出临界水头后，破坏形式为砂样土体整体被顶起向上位移，从中间断裂成上下两段。如图 4.2-17 所示。

图 4.2-17 砂样 A 整体被顶起向上位移的破坏形式

砂样 B：临界水头前，有少量细颗粒在表面处随渗透水流带出，有个别直径仅 1～2mm 的砂沸，超出临界水头后，破坏形式为砂样中的细颗粒被渗透水头冲出，仅剩粗颗粒骨架。如图 4.2-18 所示。

图 4.2-18　砂样 B 细颗粒被冲走现出粗颗粒骨架的破坏形式

　　两种砂样，颗粒粒径、级配上区别较大，决定了土体的孔隙率、渗透系数等均差别较大，由此导致前者整体顶起位移，后者细颗粒从粗颗粒孔隙中冲出。这也与土体的管涌和流土两种渗透破坏形式非常相似。

4.2.2.2　由不均匀沉降等因素导致接触冲刷模型试验

　　针对穿堤涵管因管道老化、不均匀沉降等因素，在无压及有压两种运行模式下出现的集中渗漏侵蚀过程和机理进行了模型试验，揭示了不同运行工况穿堤涵管产生接触冲刷险情的孕育机制。

　　1. 试验方案

　　选取粉细砂和砂壤土等圩堤土样，模拟有压和无压管道上游侧、中间部位和下游侧分别有孔状裂缝的情况，对有压和无压、裂缝尺寸（2mm、5mm）和位置（分别距上游隔水挡板 9cm、18cm、27cm）对渗漏侵蚀过程的影响进行研究。为模拟实际工况中的自然沉降过程，同时保证土样与模型面接触相对密实，对于粉细砂系列试验采用竖直填装、水下抛填的方法进行装样，砂壤土采用密实度控制下的分层击实方法进行装样。通过不同的试验条件组合及水头变化，观测涵管侵蚀量、流量的变化过程，确定各阶段破坏临界水力比降，试验全程采用摄像机进行记录。主要观测参数有水头、渗流量、侵蚀量、土体位移量。试验模型三维设计图如图 4.2-19 和图 4.2-20 所示，试验方案见表 4.2-7。

图 4.2-19　穿堤有压涵管裂缝渗漏侵蚀模型

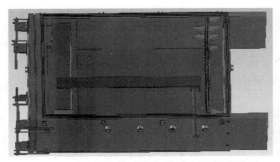

图 4.2-20　穿堤无压涵管裂缝渗漏侵蚀模型

表 4.2-7　　　　　　　　　　　试 验 方 案 表

试验编号	管道类型	管孔尺寸/mm	管孔位置（距上游）/cm	土料
W1	无压管	2	9	粉细砂
W2	无压管	2	18	粉细砂
W3	无压管	2	27	粉细砂
W4	无压管	5	9	粉细砂
W5	无压管	5	18	粉细砂
W6	无压管	5	27	粉细砂
W7	无压管	2	9	壤土
W8	无压管	2	18	壤土
W9	无压管	2	27	壤土
W10	无压管	5	9	壤土
W11	无压管	5	18	壤土
W12	无压管	5	27	壤土
Y1	有压管	2	9	粉细砂
Y2	有压管	2	18	粉细砂
Y3	有压管	2	27	粉细砂
Y4	有压管	5	9	粉细砂
Y5	有压管	5	18	粉细砂
Y6	有压管	5	27	粉细砂
Y7	有压管	2	9	壤土
Y8	有压管	2	18	壤土
Y9	有压管	2	27	壤土
Y10	有压管	5	9	壤土
Y11	有压管	5	18	壤土
Y12	有压管	5	27	壤土

2. 试验概况

试验模型主体为亚克力材质长方体水槽，长、宽、高分别为50cm、30cm、20cm，设有上游进水口及下游出水口。顶部及左侧下游端为通过螺扣固定的可拆卸挡板，其中顶部2cm厚亚克力板可承担1m以上水头。模型顶面及前后两个侧面各有4个共计12个测压管出水口，相近两个测压管中心距离为9cm，另有排气孔若干。为模拟不同工况，针对不同孔径、不同位置及运行条件，制有亚克力材质D型管共计12根，管壁预留用于模拟裂缝的圆形孔洞。为方便观测记录试验过程中的水头分布情况，开孔位置分别与测压管孔口位于同一垂直断面上，如图4.2-21所示。试验用料颗粒级配曲线如图4.2-22所示。

(a) 侧面图　　　　　　　　　　　　(b) 正面图

图 4.2-21　试验槽现场实物图

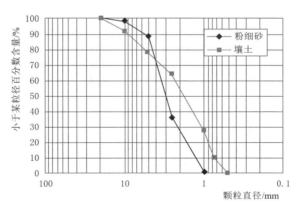

图 4.2-22　试验用料颗粒级配曲线

3. 试验结果分析

分别记录了在涵管不同位置、不同预留孔径（2mm、5mm）对渗流量的影响，如图4.2-23、图4.2-24所示。因试验过程中砂体存在阶段性的局部运动过程，渗流路径随着砂体的迁移有着明显的变化过程，故采用上下游的水头差而非水力梯度来反映阶段的变化。

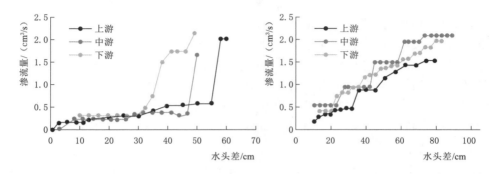

图 4.2-23 5mm 孔径渗流量-水头差 关系　　　　　　　图 4.2-24 2mm 孔径渗流量-水头差 关系

由上述渗流量随水头差的变化曲线可以看出，对于 2mm 孔径无压管，渗流量的增长与水头差基本呈正比关系，与试验过程中预留孔洞周围没有明显的砂体启动相一致。

对于 5mm 孔径无压管，试验初期渗流量基本稳定且量级较小，但出现了渗流量瞬间增大的现象，参考渗流量变化规律，可将渗流过程大致分为砂体启动、二次发育及破坏三个阶段，各阶段所需的水头差见表 4.2-8。

表 4.2-8　　　　　　　　5mm 孔径不同阶段所需水头差统计表

开 孔 位 置		9cm	18cm	27cm
各阶段所需 水头差/cm	启动	16	11	13
	二次发育	33	28	26
	破坏	55	47	46

启动阶段：主要表现为砂体相对较稳定，无大规模砂体启动现象，伴随轻微漏砂但未堵塞管道断面。二次发育阶段：管内大量进砂，顶部同步形成小型漏斗状凹槽，管内砂体长度存在差异，但普遍沿出口对称分布，填满管道。在该阶段，出口流量稳定，砂体轻微前移但不明显。破坏阶段：达二次破坏水头差时，顶部凹坑与管内砂体出现瞬间加大、延长现象，持续抬高水头，管内顶部砂体启动，出现局部接触冲刷，砂体前舌前移，顶面凹坑加大，出口水流由清变浑再转清。该阶段主要表现为上游水头与下游连通，流量加大，管内砂体被冲开。如图 4.2-25 和图 4.2-26 所示。

图 4.2 - 25　试验过程侧面图

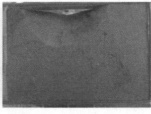
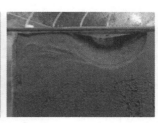

（a）9cm处开孔　　　　　（b）18cm处开孔　　　　　（c）27cm处开孔

图 4.2 - 26　不同开孔位置的顶部破坏形式

由图 4.2 - 26 可以看出，涵管内不同位置出现裂缝，则接触面冲刷破坏的形式不同。若裂缝位于上游，砂体前舌更容易达到管口，但淤积长度较短，保护作用容易达到峰值；若裂缝位于下游，顶部凹坑更难以与上游连通，但在破坏阶段，顶部凹形区域的上游端容易出现类似于小型的管涌通道，直至与上游连通。

4.2.3　崩岸险情孕育机制研究

4.2.3.1　不同水位涨落条件下岸坡稳定性模型试验

1. 静水条件下二元结构河岸崩岸概化模型试验

（1）模型设计。试验水槽：长 12.0m，宽 1.4m，深 0.54m。选用的模型沙上、下层中值粒径 d_{50} 分别为 0.058mm 和 0.2mm。试验工况见表 4.2 - 9。图 4.2 - 27 展示了坡比为 1:1，上层模型沙掺环氧树脂，上、下层厚度比为 1:2 工况条件下，水深 25cm 时的崩岸情形。

表 4.2 - 9　静水条件下二元结构河岸崩岸概化模型试验工况汇总表

试验工况	上层厚度/cm	下层厚度/cm	河岸坡比	上层是否掺环氧树脂
1 - 1	10	20	1:1	是
1 - 2	10	20	1:1	否
1 - 3	20	10	1:1	是

续表

试验工况	上层厚度/cm	下层厚度/cm	河岸坡比	上层是否掺环氧树脂
1 - 4	20	10	1:1	否
2 - 1	10	20	1:2	是
2 - 2	20	10	1:2	是
3 - 1	10	20	1:3	是
3 - 2	10	20	1:3	否
3 - 3	20	10	1:3	是
3 - 4	20	10	1:3	否
4 - 1	10	20	1:4	是
4 - 2	20	10	1:4	是

图 4.2 - 27　崩岸情况（坡比为 1:1，上层模型沙掺环氧树脂，
上、下层厚度比为 1:2，水深 25cm）

（2）试验成果分析。研究模型河岸在静水中受多因素组合作用条件下，变化单一因素对岸坡稳定性影响，主要针对不同河岸坡比、河岸组成以及上下层厚度 3 个方面开展了试验。各影响因素对坡体崩塌的影响如下：

1）河岸坡比。随着水位的升高，河岸会发生渗透，在水的浸泡下，河岸下部处于饱和状态，河岸上部的含水量也大幅增加，导致河岸土体的内摩擦角和黏聚力降低，抗剪强度减弱，进而稳定性降低，发生崩塌的概率变大。在各组试验方案中，河岸坡比越大，坡体越不稳定。

2）河岸组成。相同条件下上层掺环氧树脂的二元结构河岸稳定性高于上层未掺环氧树脂的河岸。

3）上下层厚度。上覆黏土与下层砂土的厚度比值越大，坡体越稳定，发生崩塌的概率也就越小，崩塌破坏的范围也越小。

2. 涨落水过程条件下弯曲河型崩岸试验

（1）模型设计。试验概化水槽总长 49m，其中试验段长约 23.2m。模型砂选用容重为 1.38t/m³ 的塑料合成砂，选用中值粒径为 0.2mm 的模型砂模拟天然河岸下层细砂，中值粒径为 0.058mm 的模型砂模拟天然河岸上层黏土，模型沙的选择基本满足模型设计原则，符合本次试验要求。试验流量共涉及 4 个不同级别，分别为 0.13m³/s、0.18m³/s、0.24m³/s 和 0.38m³/s。河岸上下层设计厚度比为 1∶2，坡比为 1∶1 和 1∶2，试验工况详见表 4.2-10。

表 4.2-10　涨落水过程条件下弯曲河型崩岸试验试验工况汇总表

试验方案	试验工况	设计 Q /(m³/s)	设计水深 /m	上下土层厚度比	河岸坡比	放水历时 /h	模拟水文工况
1	1-1	0.13	0.25	1∶2	1∶1	2	枯水期
	1-2	0.24	0.35	1∶2	1∶1	2	涨水期
	1-3	0.38	0.45	1∶2	1∶1	3	洪水期
	1-4	0.24	0.35	1∶2	1∶1	1.5	落水期Ⅰ
	1-5	0.18	0.3	1∶2	1∶1	1.5	落水期Ⅱ
	1-6	0.13	0.25	1∶2	1∶1	1	落水期Ⅲ
2	2-1	0.13	0.25	1∶2	1∶1	2	枯水期
	2-2	0.24	0.35	1∶2	1∶1	2	涨水期
	2-3	0.38	0.45	1∶2	1∶1	3	洪水期
	2-4	0.13	0.25	1∶2	1∶1	4	陡降落水期
3	3-1	0.13	0.25	1∶2	1∶2	2	枯水期
	3-2	0.24	0.35	1∶2	1∶2	2	涨水期
	3-3	0.38	0.45	1∶2	1∶2	3	洪水期
	3-4	0.24	0.35	1∶2	1∶2	1.5	落水期Ⅰ
	3-5	0.18	0.3	1∶2	1∶2	1.5	落水期Ⅱ
	3-6	0.13	0.25	1∶2	1∶2	1	落水期Ⅲ

续表

试验方案	试验工况	设计 Q /(m³/s)	设计水深 /m	上下土层 厚度比	河岸坡比	放水历时 /h	模拟水文 工况
4	4−1	0.13	0.25	1：2	1：2	2	枯水期
	4−2	0.24	0.35	1：2	1：2	2	涨水期
	4−3	0.38	0.45	1：2	1：2	3	洪水期
	4−4	0.13	0.25	1：2	1：2	4	陡降落水期

（2）试验成果分析。模拟天然一个水文年周期内不同涨落水过程对二元结构河岸稳定性的影响，对比同一时间段内汛末缓降落水和陡降落水过程中，崩岸前后近岸河床及岸坡泥沙的运动情况，分析近岸河床冲淤变化规律和河岸崩塌形态特点，同时探讨近岸垂线流速对崩岸的影响。试验成果表现为：河岸不同坡比对河岸崩塌过程具有明显影响，在相同的涨落水条件下，同一水文阶段内坡比1：1的河岸较坡比1：2的河岸崩塌频率或规模偏大（图 4.2−28）；近岸流速大小与崩岸关系密切，如洪水期近岸流速偏大，崩塌的概率或规模明显增大；河道平面形态与崩岸有一定关系，弯曲河道不同部位受水流冲刷影响不

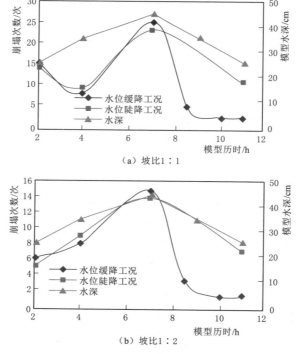

图 4.2−28　水位缓降和水位陡降工况下崩岸次数变化图

同，发生崩塌的频率或规模也不同，弯曲河道崩岸主要发生在凹岸弯顶及其下游部位；崩岸在一个水文年内崩塌强度呈现一定周期性，具体表现为：枯水期崩岸最弱，涨水期崩岸较弱，洪水期崩岸最强，水位陡降落水期崩岸次强，水位缓降落水期较水位陡降落水期崩岸明显偏弱（图 4.2-29）；水位不同涨落变化过程对河岸崩塌过程具有重要的影响，特别是汛后落水期水位陡降对崩岸的发生频率或规模影响较大，在相同落水时段内，水位陡降落水期与水位缓降落水期相比，由于在河道内水位下降过程中，河岸土体内的受力条件随之发生变化，加上河岸土体内向河槽方向的渗透水压力增加，该阶段内河岸稳定性大大降低，崩塌频率或规模明显增大。

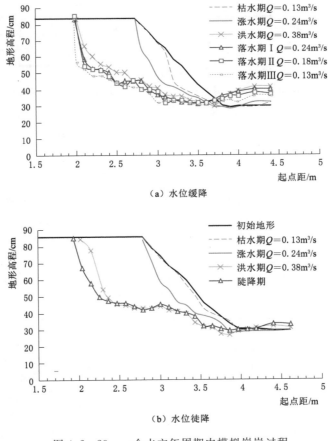

图 4.2-29　一个水文年周期内模拟崩岸过程

3. 渗流作用下涨落水过程对崩岸及圩堤稳定影响试验

结合河流动力学和土力学，通过概化模型模拟研究地下水渗流作用下，不同涨落水过程对近岸河床冲淤变化和河岸崩塌形态的影响，分析土体孔隙水压力变化情况及对崩岸的影响。

（1）模型设计。试验段为弯曲河段，过渡段为定床定岸河段，在距离河岸滩唇线约 80cm 处沿程布置圩堤（概化模型中设计堤宽 10cm，堤高 12cm，两侧坡比 1∶3，以瓜米石护面）。在河岸坡体中沿床面设置孔隙水压力监测装置，并在堤后设置水位调节池（堤后水位调节池水位拟参照洪水期外江水位并保持不变）。试验岸坡土体采用防洪模型大厅中值粒径为 0.2mm 的新型复合塑料砂，横断面为均质土层的梯形设计，高度为 54cm，另外床砂厚 30cm，在试验中考虑河岸坡比为 1∶1，模型横断面布置图如图 4.2-30 所示。

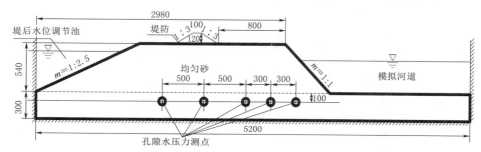

图 4.2-30　渗流作用下涨落水过程对崩岸及圩堤稳定影响试验
横断面布置图（单位：mm）

（2）试验成果分析。

1）通过河岸土体孔隙水压力监测发现，孔隙水压力呈现出随水位上升而增大，随水位降落而减小的变化规律，在崩塌过程中孔隙水压力基本稳定（图 4.2-31）。

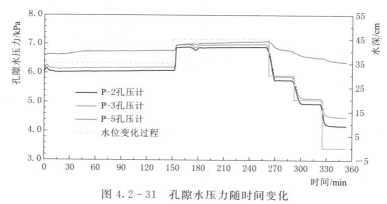

图 4.2-31　孔隙水压力随时间变化

2）河道水位降落及渗流对崩岸的发生起着促进作用。河道水位降落速率越快，河岸崩塌越明显，崩塌形式以沿滑动面坐滑为主；当水位降落速率较小时，河岸相对稳定，崩岸较少发生。随着河道水位降落岸坡内外水位差变大，渗透坡降变大，河岸稳定性降低（图4.2-32）。

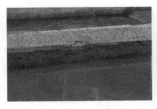

（a）水位降落12min后产生裂缝　　（b）水位降落18min后沿裂缝崩塌　　（c）水位降落90min后崩塌体下挫

图4.2-32　河岸渗透破坏过程

4. 渗流水位变化对岸坡稳定性影响的数值模拟研究

运用数值模拟方法，对岸坡在水位变化条件下的模型试验进行数值模拟研究，通过模拟水位下降过程中岸坡孔压场及应力场的变化规律，分析岸坡稳定性。数值模拟采用非线性有限元计算软件，本构模型采用 Mohr-Coulomb 模型，计算模型网格剖分如图 4.2-33 所示，模型由 525 个节点，465 个单元组成。计算采用变水头边界条件，水位以 0.1m/h 的速度下降，然后再以 0.1m/h 的速度上升，持续时间均为 10h。

图4.2-33　计算模型网格剖分图

模型试验采用模型砂作为材料，根据室内直剪试验的得到的分布云图，其黏聚力为0，内摩擦角为30.1°（见表4.2-11和图4.2-34）。变形参数中，弹性模量和泊松比分别为5MPa和0.3。密度取 1.2g/cm^3。

表 4.2-11　　　　　　　数值计算材料参数

弹性模量/MPa	泊松比	内摩擦角/(°)	黏聚力/kPa	剪胀角/(°)
5	0.3	30.1	0	0

图4.2-35和图4.2-36是渗流场的计算得到的分布云图，从计算结果来看，在水位下降的过程中，坡体内的水位会逐渐降低，表现出靠近坡体的地下水位和外部水位下降的速率基本一致，但远离坡体的地下水位出现明显的滞后现象。同样，在水位上升阶段，靠近坡体的地下水位和外部水位上升的速率基本一致，但远离坡体的地下水位出现明显的滞后现象，导致坡体上出现壅水现象。

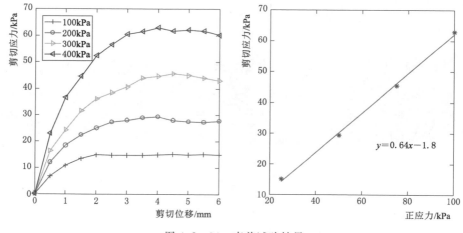

图 4.2-34　直剪试验结果

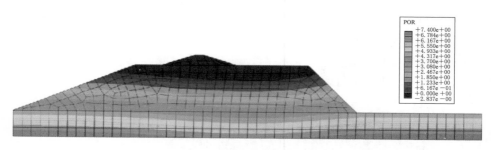

图 4.2-35　水位下降 10h 的渗流场分布云图

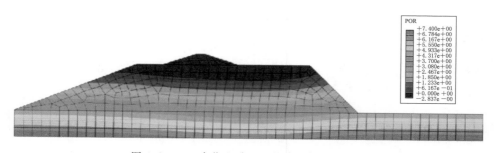

图 4.2-36　水位上升 10h 的渗流场分布云图

　　图 4.2-37 和图 4.2-38 是水平位移分布云图，反映了水位下降及上升后的水平位移变化情况。水位下降 10h 后，坡体的水平位移逐渐增大，主要表现为临近坡脚以及坡顶的位移增大，最大位移达到 1.89cm，证明水位下降对坡体的稳定性产生不利的影响，同时，圩堤也有一定程度的变形。水位上升 10h后，坡体的水平位移有明显的减小，位移最大值为 0.42cm，在该条件下，水

位上升对坡体的稳定性有利，同时，也有利于圩堤的稳定性。

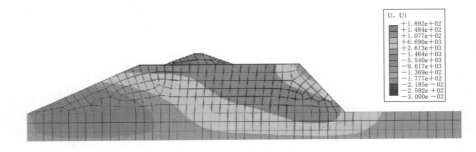

图 4.2-37　水位下降 10h 的水平位移分布云图

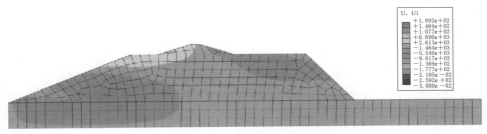

图 4.2-38　水位上升 10h 的水平位移分布云图

5. 水位变化情况下崩岸机制

根据河流动力学理论，在弯曲河道的凹岸，主流近岸，容易发生局部冲刷现象；从河床演变学角度来看，发生冲刷破坏还要求土体只有较低的强度和抗冲能力，进而在水流的剪切作用下发生破坏。在水流冲刷作用下，当近岸流速大于其起动流速，河岸将被冲刷，尤其是坡脚不断被淘刷后退，随之河岸坡体及坡面出现纵向裂缝，随着裂缝的不断延伸和发育，将发生崩岸，且崩塌强度随着流量增大而增大。此外，河岸冲刷后退导致渗径变短，河道内水位降落条件导致岸坡内外水位差变大，也将导致渗透坡降增大，河岸下滑力增加，岸坡稳定性降低。因此，在水流冲刷和向外渗流的共同作用下，将不利于河岸稳定，易发生崩岸现象。

4.2.3.2　水位变化条件下滑移型边坡失稳机制

1. 滑移型边坡失稳类型及特点

滑移型边坡失稳指岸坡在自重力、土压力、浮托力、渗压力等因素共同影响下沿一软弱弧面产生一定规模的以水平运动为主的滑移，此类破坏形式多分布在迎流顶冲、深泓逼岸处，具有规模大、危害性强、反复循环发生的特点，直接造成岸线后退。按照滑移面的部位及空间形态、滑移后的岸坡地表形态及作用方式的差异将其分为整体性滑移型和牵引式滑移型两类。

（1）整体性滑移型。指岸坡在圆弧形或圈椅形内的土体沿某一连续性的滑动面而产生的整体性移动导致岸坡破坏的一种形式，须具备以下几个条件：①有一个潜在的连续软弱层或软弱面而形成后来的滑动面，如淤泥或高含水量软塑土；②有足够的下滑力，这种力来源于土体自重的下滑分力、地下水的动、静水压力以及侧向顶托力的消失即水位的下降；③有滑移的空间及临空面；④可能有裂隙等潜在的不利结构面。按照滑移面分布深浅部位的差异，又将整体性滑移型分为浅层滑移型和深层滑移型两类。整体性滑移型造成的崩岸具有破坏规模大、危害性强、滑移后岸线凹进、退水期的崩岸速率大于涨水期的崩岸速率、多发生在枯水期或低水位以及滑移土体中经常见到地下水出溢等特点。

（2）牵引式滑移型。指岸坡坡脚被掏空或软化部分土体而产生滑移，后面的土体因平衡条件受破坏，在牵引力的作用下也随之发生滑移，这样逐级往后发展至相当大的范围内土体产生一连串的滑移破坏的崩岸形式，其产生须具备以下几个基本条件：①岸坡边缘土体坡脚掏空或软化有产生滑移的可能；②边缘土体对中后部土体有较大的支挡作用；③边缘土体与中后部土体间发育有近平行的弧形裂缝；④岸坡土体中可能有地下水出渗点。一旦边缘土体产生滑移必然产生连锁反应，这种反应在时间上可能是连续的，也可能有一定的间隔，但终究会逐级发生，直至形成牵引式滑移型崩岸。它具有阶段性、连锁性、循环往复性以及稳定性从低至高逐渐增大等特点。

2. 滑移型边坡失稳机制分析

整体性滑移与牵引式滑移的本质均是沿结构面滑动，属于软弱结构面强度控制下的失稳，且边坡失稳存在如下特点：①滑裂面非圆弧形；②存在软弱结构面（淤泥、裂缝等结构面）；③裂隙面位置较难确定。

滑移型边坡失稳的机理可概括为如下几个方面：①裂隙具有方向性，顺坡向裂隙会失稳，而逆坡向裂隙失稳可能性较小；②裂隙面强度远低于土块强度，边坡的稳定性受其强度控制；③裂隙强度控制下的边坡稳定为自重作用下的稳定，因此可采用传统的极限平衡分析方法计算其稳定性；沿裂隙滑动为典型的折线形滑动，不能采用圆弧滑动条分法计算其稳定性。

4.3　堤坝渗漏隐患综合探测

基于堤坝隐患地球物理场特征，归纳总结常见堤坝隐患物探方法。通过对物探方法中的高密度电阻率法、地质雷达法、地震波 CT 法、超声波透射法、高密度地震映像法 5 种方法的研究，来确定适用于堤坝渗漏隐患探测的、效果最好的物探技术组合及其工作方法，以及关键技术和控制参数。结合实际工程案例，对堤坝渗漏隐患物探方法选择、工作测线布置、综合地质解译及探测效果进行分析，对堤坝质量进行全方位多层次综合探测，提高隐患探测准确率。提出多参数多尺度融合的综合物探方法，查明堤坝渗漏隐患的位置和规模，为鄱阳湖区汛期防洪抢险及后期加固处理提供科学可靠的依据。

4.3.1 物探方法

4.3.1.1 高密度电阻率法

1. 方法概述

高密度电阻率法属于阵列勘探方法，是基于传统的对称四极直流电测深法基本原理，以岩（矿）石的导电性差异为基础的一种电学勘探方法。该方法主要研究在施加电场的作用下地中传导电流的分布规律，推断地下具有不同电阻率的地质体的赋存情况。高密度电阻率法最大特点是可以一次性沿测线同时布设几十根到几百根电极，采集装置按选定的供电、测量排列方式自动采集测量电极间的电位值及回路中的电流值。电极距可以视探测深度和探测目标体的尺度进行设置，充分体现了高密度的特点。大量的数据为反演成像打下良好基础，为高精度、小目标的浅层勘探提供了可靠的保证。该方法既可用于剖面测量，还能用于面积性三维电性结构成像。

高密度电阻率法属于体积勘探方法，通过地层的电性差异来进行电性分层，尤其对第四系、含水层的反应较灵敏，是对第四系、破碎带等判别的有效勘探方法之一。

2. 基本原理

作为一种阵列勘探方法，高密度电阻率法属于具有多种排列的常规电法勘探方法，它的工作原理是利用电极（A，B）作为供电电极向地下传送电流，使用另外两个电极 M、N 测量他们之间电位差 V，从而能够求出 M 点、N 点之间的视电阻率值 ρ_s，用测得的视电阻率进行计算，可以获得电阻率在地层中的分布情况，从而可以确定地下异常目标体的位置以及分布特征。野外工作时将测量电极全部布置在剖面上，利用接收仪器便可实现数据的快速和自动采集。

本次工作选用 12 根 10 道电缆，共 120 道电极。实际使用电缆数及道间距根据现场情况做出调整。断面测量时所有电极一次性铺设完成，为确保电极接地良好、各电极接地电阻均一，剖面测量前对所有电极进行接地电阻检查，采取浇盐水等手段保证各电极接地电阻均小于 $7k\Omega$。采集过程中供电电压为 $200\sim400V$。为了充分利用每个排列的观测数据和保证测量数据的横向和垂向反演精度，我们选用了温纳排列装置（见图 4.3-1）及施伦贝谢尔排列装置（见图 4.3-2）。

测量的时候，$AM=MN=NB=a$（a 为电极距），供电和测量电极逐点

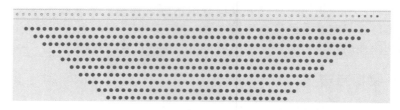

图 4.3－1　温纳排列装置测量跑极示意图

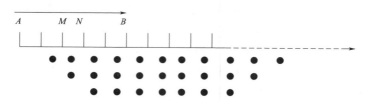

图 4.3－2　施伦贝谢尔排列装置测量跑极示意图

同时向右移动，得到第一条测量剖面，然后使 $AM=MN=NB=2a$，再次按上述方式移动，得到第二条测量剖面，之后按照同样的方式直至整条测线全部结束，最终可以得到倒梯形的断面图。ρ_s 表达式为

$$\rho_s = K_a \frac{\Delta U_{MN}}{I} \tag{4.3－1}$$

式中：K_a 为装置系数，$K_a = 2\pi a$。

该装置测量时，$AM=NB$ 为一个电极间距，A、B、M、N 逐点同时向右移动，得到第一条剖面线；接着 AM、NB 增大一个电极间距，MN 始终为一个电极间距，A、B、M、N 逐点同时向右移动，得到另一条剖面线；这样不断扫描测量下去，得到倒梯形断面。该装置 ρ_s 表达式同式（4.3－1），$K_a = 0.75\pi a$。

4.3.1.2　地质雷达法

1. 方法概述

地质雷达法是一种电磁探测技术，具有原位、快速、无损、高分辨率等特点，适用于城市复杂环境，被广泛应用于工程与环境地球物理勘查、工程质量检测、水文地质监测、航空航天探测、极地冰川考察等工程应用和前沿科学领域。

2. 基本原理

地质雷达法的工作原理是通过向地下发射宽带脉冲电磁波，电磁波在传播过程中遇到存在电性参数（介电常数和电导率等）差异的地下目标介质，如层状介质的不连续面、分界面、层内不规则缺陷等，电磁波发生反射，上行返回地面被接收天线所接受；通过分析接收到的反射电磁波的双程走时、振幅、波形和频率等参数，推断地下目标体的几何形态、空间位置、结构、电性特征等，探测地下的隐蔽物。

4.3.1.3　地震波 CT 法

1. 方法概述

CT 是英文 computerized tomography 的缩写，又称为层析成像技术。层析成像即对物体进行逐层剖析成像或称切片。地震波 CT 探测利用的是地震波 CT 成像技术，它是根据物体外部的测量数据，依据一定的物理和数学关系反演物体内部物理量的分布，最后得到清晰的、不重叠的分布图像。CT 技术的意义在于通过在物体外部的非破坏性测量，获得物体内部物性分布的图像，就好像在某种特殊"光线"照射下，物体成为透明体，使物体内部结构信息得到充分显示。

2. 基本原理

井间地震层析成像是在井中激发和接收地震能量，利用接收到的地震波旅行时或振幅等信息，通过求解非线性反演方程组，重建井间介质的速度结构、衰减特性或密度等的空间分布，从而精细地刻画出地层构造分布质分布的图像。

任何一种波动（电磁波、X 射线、地震波）在介质中传播的过程中，都会与介质中尺度和波长尺度相比拟的组成部分（分子、原子、颗粒）相互作用，而引起表征波动本身特性的某些物理量发生变化或产生新的物理量。通过测定与计算这种物理量的变化或新的物理量，可以反推出物体介质的物理性质，重建物体内部物理性质分布的图像。地震波通过地层介质，接收者根据地震震源与接收站点的距离以及测出的地震走时，就可以算出该地层介质的速度。这就是地震学走时反演的物理基础。当地层出现岩溶、构造等异常特征，地震波速度、能量衰减等相关物理量会发生变化，经过计算和配合一定的观测和层析反演计算方法，可以获得地层内部成像，类似于现代医学中的 X 光片反映出的人体内部图像。

4.3.1.4　超声波透射法

1. 方法概述

声波透射法基桩检测技术是弹性波测试方法中的一种，其理论基础建立在固体介质中弹性波的传播理论上，该方法是以人工激振的方式向介质岩石、岩体、混凝土构筑物发射声波，在一定的空间距离上接收介质物理特性调制的声波，通过观测和分析声波在不同介质中的传播速度、振幅、频率等声学参数，来实现对非声学量（如密度、浓度、强度、弹性、硬度、黏度、温度、流速、流量、液位、厚度、缺陷等）的测定。解决一系列工程中的有关问题。

2. 基本原理

超声波透射法借助超声脉冲发射源向目标体内发射高频超声波，并用高精度的接收系统记录超声波在目标体内传播过程中的波动特征。当目标体内存在不连续或破损等波阻抗界面时，超声波经透射和反射；当目标体内存在松散、蜂窝、渗漏等严重缺陷时，超声波经散射和绕射。这样根据超声波的声学参数变化及波形畸变程度等特征，就可以判别目标体的质量问题。

测量时，把发射、接收换能器分别置于两管道中。检测时声波由发射换能器出发穿透两管间混凝土后被接收换能器接收，实际有效检测范围为声波脉冲从发射换能器到接收换能器所扫过的面积。根据两换能器高程的变化又可分为平测、斜测、扇形扫测等方式。

4.3.1.5 高密度地震映像法

1. 方法概述

高密度地震映像法是利用地震波的反射原理，以极小的等偏移距激发地震弹性波波，并移动单点采集多波列信号，对地下目标体进行连续扫描，信号中包括直达波、瑞雷波、来自不均匀介质体的绕射波、反射波等的信息。通过分析成果图中的绕射波、反射波等特征，识别裂缝、空洞等缺陷。根据反射波（或绕射波）同相轴的"八"字形特征识别垂直裂隙（或裂缝），确定裂隙（或裂缝）的位置和深度。由于所激发的弹性波频率适中，具备一定的探测深度，可弥补超声波和地质雷达的不足，且施工简便快捷，适用于堤坝隐隐患探测。

2. 基本原理

其工作原理如图 4.3-3 所示，假设地下半空间由 n 层水平层状介质构成，反射波的时距曲线为

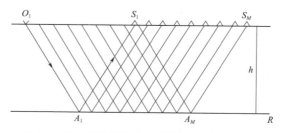

图 4.3-3 高密度地震映像法探测原理示意图

$$t^2 = t_0{}^2 + \frac{x^2}{v_\sigma^2} \qquad (4.3-2)$$

$$v_\sigma = \left\{ \frac{\sum\limits_{i=1}^{n} t_i v_i^2}{\sum\limits_{i=1}^{n} t_i} \right\}^{\frac{1}{2}} \qquad (4.3-3)$$

$$t_i = \frac{h_i}{v_i}$$

$$t_0 = 2 \sum_{i=i-1}^{n} t_i \qquad (4.3-4)$$

式中：v_σ 为均方根速度；n 为界面的层数；v_i 为每层界面的层速度；t_i 为每一层波的传播时间；h_i 为每层的厚度；x 为偏移距；t_0 为双程回声时（法线双程旅行时）。

4.3.2 圩堤渗漏隐患探测实例

受连续降雨和上游来水的影响，鄱阳湖水位持续上涨，都昌县东风联圩堤脚及局部堤段出现了渗漏险情。本次探测的目的是，通过高密度电祖率法、地质雷达对汛期堤身出现渗漏的堤段进行紧急勘察，对所得电阻率剖面及地质雷达剖面进行分析，发现堤身中隐伏的渗漏通道，以指导汛期抢险工作。

4.3.2.1 工区概况

1. 基本概况

都昌县位于鄱阳湖北部湖盆，入江洪道的右岸，地形呈扇形。东风联圩始建于 1959 年，扩建于 1977 年，1999 年被列入鄱阳湖二期防洪工程建设，对整个联圩进行加固达标改造，并被确定为城镇防洪重点工程。按抗御 22.50m 水位设防，并考虑超高 2.0m，建成后的堤顶高程为 24.53m，堤顶宽度 6m，堤线长度约 1534m。堤身内外坡比均为 1∶3，背水坡在距堤顶 3m 处设 2m 宽马道。圩堤内最高控制水位（13.50m）以下采用块石护坡，以上采用草皮护坡，外坡采用混凝土预制块护坡。

2. 地层岩性

区内地层总的来说较简单，出露的基岩主要为古、新近系河湖朝湿热气候环境沉积的陆相碎屑岩类。以白垩系钙质泥岩，泥质粉砂岩，灰砾岩，砂砾岩透镜体，古近系、新近系紫红色泥岩、泥质粉砂岩为主，此外在区域边缘，局部出露泥盆系灰岩，其岩溶发育，漏水严重。第四系主要为上更新统的冲积堆积和全新统的冲积堆积，防护区外围广泛分布有中更新统的冲积堆积，也是堤身填土的主要产地。整个堤身填筑的材料主要有黄红色网纹状黏土、粉质黏土和其下的砂卵砾石层。

3. 区内地球物理特征

表 4.3-1 所示为本次堤身隐患探测中不同岩土和介质的地球物理参数。可以看出，堤身隐患部位与正常堤身部位的物理性质如电阻率、波阻抗、介电常数、波速等存在一些差异，例如不含水的洞穴、夹层表现为高阻体，含水的

洞穴、夹层表现为低阻体，渗漏通道表现为低阻体等。这些物性差异造成了利用各种地球物理方法探测堤身渗漏隐患的物理前提。

表 4.3 - 1　　　　　区内不同岩土和介质的地球物理参数

介质名称	电阻率/(Ω·m)	介电常数
水	<100	80
黏土	$10 \sim 10^4$	$8 \sim 12$
粉土	$10 \sim 10^3$	$5 \sim 30$
干砂、卵石	$10^3 \sim 10^5$	$2 \sim 6$
湿砂、卵石	$10^2 \sim 10^3$	30
软土、淤泥质黏土	$10^0 \sim 10^2$	>15
砾石夹黏土	$10^2 \sim 10^3$	—

4.3.2.2　高密度电阻率法探测

1. 工作布置

本次工作利用分布式 DUK - 4 型分布式高密度电法仪，供电电压为 200V，电极距为 1m，最大隔离系数为 16 层。由于堤身表层电阻率较高，电极接地条件差，供电电流小，在测量前对所有电极埋设点进行填土、浇盐水等手段，保证各电极接地电阻均小于 3.0kΩ。在块石护坡处采取钻孔，孔内填土、浇盐水，堤面围土等方法，保证接地电阻在 4.0～7.0kΩ 范围内。

根据任务要求、勘探方法工作特点、现场施工条件，高密度电祖率法的工作布置如下：在表面出水点附近，沿堤轴线方向，分别在堤顶、背水坡坡上、背水坡坡脚上，布置了 3 条高密度测线，3 条测线分别长为 140m、80m、60m。

为了保证测量的横向和垂向分辨率，根据正演模拟分析所得结果，选用了施伦贝谢尔装置及温纳装置，并选取其中反演结果误差较小的进行分析解释。由于堤身配有变电器、监控器等用电设备，且测线上方有高压输电线路经过，这些因素对电阻率测量造成一定程度的影响。在数据处理时设置阻尼系数为 0.3，用以压制干扰。由于接地电阻率远大于下部地层电阻率，且接地电阻率变化较大，采用精细网格剖分方法，将模型子块宽度设置为电极距的 1/2，以保证视电阻率计算精度。反演时选择使用"标准高斯牛顿"最小二乘法，从而得到最精确结果。

2. 成果分析

（1）1 号测线。该剖面位于堤顶，沿堤轴线布置，桩号为 1＋300～1＋440。从图 4.3 - 4 可以看出，该剖面成层性很好。从整体上看，呈现顶层视电阻率高、中间层视电阻率低、基层视电阻率高的特点。推测顶层高阻为较干燥的堤身黏土，中间层为含水性较大的中砂层，基层为致密基岩。其中，顶层右段，桩号 1+400～1+420，深度 4.0～7.0m 处出现一组低阻异常带，电阻率为 30～50Ω·m。推测该段堤身填筑质量较差、孔隙率较大，含水量偏高，可能为隐伏的渗漏通道，需要密切关注。桩号 1+340～1+360，在表层整体高阻背景下，出现了较明显的低阻异常带，异常带电阻率稍低于背景值（电阻率为 100～120Ω·m），需要对该段堤身进行复勘验证。

（2）2 号测线。该剖面位于堤后护坡中间，邻近坡底干砌石护坡，沿堤轴线布置，桩号为 1+370～1+450。从图 4.3-5 可以看出，该剖面成层性很好，从整体上看，呈现顶层视电阻率高、基层视电阻率低的特点。推测顶层高阻为较干燥的堤身黏土层，基层也为含水量较高的砂砾石层。

从剖面中可以看出，桩号 1+383～1+388、1+398～1+400、1+402～405 及 1+416～420 处，深度 2～4m，浸润线以上，出现四组异常带电阻率稍高于背景值（电阻率为 2000～2700Ω·m），推断这几处堤身可能含干砂或砾石较多或者裂隙空洞发育。另外，在桩号 1+404～1+413，深度 9～12m，2 号测线发现与 1 号线同样的局部相对低阻异常（电阻率为 30～50Ω·m），推测为隐伏的渗漏通道。

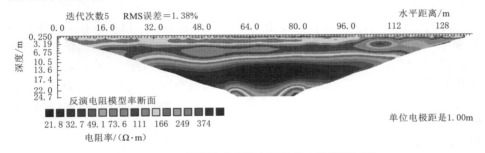

图 4.3-4 1 号测线高密度电法反演电阻率剖面图

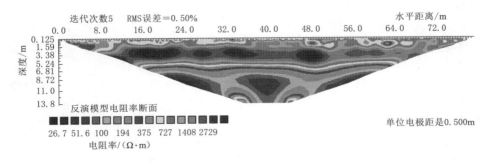

图 4.3-5 2 号测线高密度电法反演电阻率剖面图

（3）3号测线。该剖面位于堤后坡脚往上约1m，上部为干砌石护坡，沿堤轴线布置，桩号为1+380～1+440。从图4.3-6可以看出，该剖面成层性很好，从整体上看，呈现上部视电阻率高、下部视电阻率低的特点。推测上部为含水性相对较小的堤身黏土，下部为受水浸润的堤脚以及中间含水性好的中砂层。

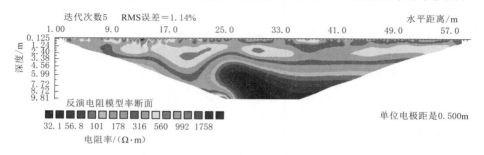

图 4.3-6 3号测线高密度电法反演电阻率剖面图

从剖面中可以推测，中段、右段地表及坡脚下方含水性很高，这两段几个位置是有渗漏点出露。另外，在桩号1+425～1+435之间，接近地表出现一个低阻异常区，结合现场情况推测其为渗漏点，因该渗漏点左下方、右下方都有低阻异常，其渗漏来源需要继续勘察才能确定。

将上述1号、2号、3号测线进行综合对比分析，可以发现：有一条低阻异常带，从前至后贯穿所测堤身右端；从上向下，视电阻率逐渐降低。根据现场资料，在桩号1+410、1+414两处分别打孔进行高喷防渗墙施工时，出现搭接差的问题，推测可能为造成渗漏的主因。剖面图从上往下，逐渐缩小了渗漏通道可能范围，但由于受附近建筑物的影响，堤脚测线低阻区域内的观测深度受影响，建议另采用其他地球物理手段进行复测。

4.3.2.3 地质雷达探测

1. 工作布置

重点针对上述疑似渗漏通道，采用地质雷达进一步详查，旨在查明渗漏缺陷的物性形态、具体位置及分布情况。

地质雷达的实际检测中，在保证雷达信号清晰、反射信号明显可辨及探测深度足够的基础上，结合探测目的层的埋深、分辨率、介质特性以及天线尺寸是否符合场地需要等因素综合考虑采集参数。现场试验分别使用了100MHz天线以及400MHz天线，实际采集使用仪器为GSSI的SIR-3000仪器，采用自激自收，天线方向与测线方向平行同步移动，其中测线记录点距为0.25m。记录时窗的选择由最大探测距离、上覆地层的平均电磁波速以及雷达反射信号的质量来确定，要保证所有可用信号全部采集。每道扫描采样点数可为1024个。后期的数据处理中，采用了Reflexw雷达数据处理软件，经过滤波、静校正、增益等步骤对原始信号进行了处理。以下为部分测线数据的处理与分析结果。

2. 成果分析

（1）1号测线。首先采用 100MHz 天线，对堤顶桩号 1＋300～1＋450 进行复测。从图 4.3-7 可以看出，地质雷达能明显反映浅部地质结构。0～3m 深度雷达反射信号强烈，幅值较高，绕射波相互叠加形成一定区域，解释为浅部堤身土层以干燥状态为主。3m 以下，雷达信号幅值较弱，推测为土层水分含量增高，土层较湿润，电磁波幅值迅速衰减。此外，在剖面横坐标 110～125m 范围，即桩号 1＋410～1＋425 雷达波同相轴错段，波形紊乱，并出现双曲线状雷达波异常，推测可能为含水量较大的砂砾石或中砂软弱夹层。这一发现与 1 号测线高密度电阻率法探测结果相符合。

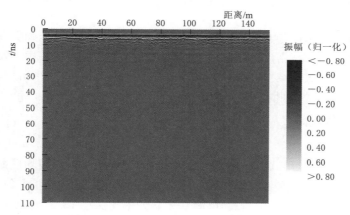

图 4.3-7　1号测线地质雷达探测剖面图

（2）2号测线。为进一步验证前述探测结果，在堤顶靠近背水坡布置了第二条雷达测线，测线覆盖桩号 1＋360～1＋450。天线中心频率选择 400MHz，所扫描得到的雷达图像如图 4.3-8 所示。

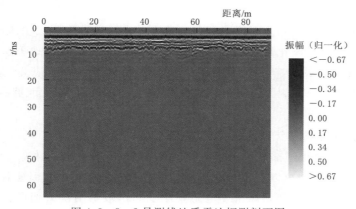

图 4.3-8　2号测线地质雷达探测剖面图

可以看出图像分辨率明显提高，3m以上雷达波同相轴基本呈现平行连续的状态，解释为浅部以干燥状态为主的堤身土层。3m以下同相轴分布出现明显的不均匀现象，电磁波能量明显变弱，出现错断扭曲的现象，推测应为土层含水量增高。在剖面横坐标40~60m范围，即桩号1+400~1+420，雷达波能量微弱，极性反转，并有明显的低频雷达波反复震荡现象，推测为水分富集的空洞或软弱层，已形成渗漏通道。此外，在桩号1+384、1+398、1+426等几处出现双曲线状雷达波异常，推测为裂隙空洞发育。这些发现与2号测线高密度电阻率法探测结果相符合。

4.3.3　堤防防渗墙渗漏隐患探测实例

针对江西省永修县九合联圩防渗墙完工后，墙后堤身及堤脚仍发现多处渗漏现象，首先采用高密度电阻率法对防渗墙实体进行全面性普查，对于疑似存在质量缺陷的区域，结合孔间超声波透射法及孔内电视成像进行详查，最后利用孔内压水试验对检测成果进行验证。

4.3.3.1　工区概况

1. 基本概况

永修县九合联圩东临赣江，西侧为山地。全堤堤身为新填均质黏土，防渗主要采用射水法造防渗墙。墙体轴线沿堤线布置，距堤顶外边线2m，距堤顶1m。墙底设计入岩最少0.5m，墙厚0.22m，平均深度15.2m。墙体抗压强度$R_{28} \geqslant 10\text{MPa}$，渗透系数$K \leqslant 1 \times 10^{-6}\text{cm/s}$。据地质勘察资料，工区内地质分层大致如下：①标高0~-7.00m：浅黄色—黄褐色砂壤土；②标高-7~-10.00m：砂层，含少量砾石；③标高-10.00~-16.00m：砂砾，卵石层，卵石粒径大多为8cm以下。

2. 地层岩性

区内土层分布从上至下依次为：杂填土、强风化片麻岩、中风化片麻岩、微风化片麻岩、未风化片麻岩。区内地下水为基岩裂隙水，地下水位埋深为12.6~16.2m，接受大气降水的补给。其富水性受岩体风化程度、裂隙发育程度控制，主要沿节理裂隙密集带形成富水带，常在冲沟深切处或坡脚处以泉的形式出露。

3. 区内地球物理特征

表4.3-2给出了部分区内常见岩土和介质的地球物理参数变化范围。

从表4.3-2中可以看出，防渗墙物性参数与其周围的堤身土体介质差异明显，这些差异就为利用高密度电阻率法及超声波透射法查明防渗墙中的缺陷，确定渗漏通道位置，提供了必要的地球物理工作基础。

表 4.3 - 2 区内不同岩土和介质的地球物理参数变化范围

介质名称	电阻率/(Ω·m)	声速/(km/s)
黏土、砂质土	25~150	0.4~0.9
砂、砾石	300~5000	1.0~1.5
碎石	1000~3000	1.2~3.8
片麻岩	400~6000	3.5~4.8
混凝土	10~100	4.0~6.0
地下水	<100	0.48~0.55

4.3.3.2 高密度电阻率法探测

1. 工作布置

本次工作首先利用高密度电阻率法对防渗墙实体质量进行全面普查。野外测量使用重庆地质仪器厂生产的 DUK - 4 高密度电法测量系统，选用 10 根 10 道电缆，共 100 道电极，测线均沿堤轴线布置，普查电极距为 5m，遇重点疑似缺陷区域需圈定缺陷范围的，缩小电极距至 1~2m 进行复测。为了充分利用每个排列的观测数据和保证测量数据的横向和垂向反演精度，选用了温纳排列装置及施伦贝谢尔排列装置，并选取其中反演结果误差较小的进行分析解释。

2. 成果分析

图 4.3 - 9 为高密度电阻率法反演电阻率剖面，测线全长 159m，道间距 1m。分析反演模型电阻率断面图，地层电阻率数值由上往下基本呈现递减的趋势。以高阻为背景值，低阻值为异常区，在测线横坐标 47~53m（对应的工区桩号为 0+083~0+091），深度为 4.0~8.0m 出现一组低阻异常带，电阻率为 3~30Ω·m，推测该处防渗墙可能存在实体破碎、离析等质量缺陷，为隐伏的渗漏通道。在测线横坐标 18~30m（桩号 0+056~0+068）、68~83m（桩号 0+106~0+121）以及横坐标 101~111m（桩号 0+139~0+149），深度 4~7m，三组异常带电阻率稍低于背景值（电阻率为 120~300Ω·m），推断该两处防渗墙可能泥质含量偏高或节理裂隙发育，但还未形成渗漏通道。

重点针对上述疑似缺陷，采用超声波透射法及钻孔电视进一步详查，旨在查明缺陷的物性形态、具体位置及分布情况。

4.3.3.3 超声波透射法探测

1. 工作布置

仪器使用智博联 ZBL - U520 超声波检测仪，采用跨孔平测法自下而上进

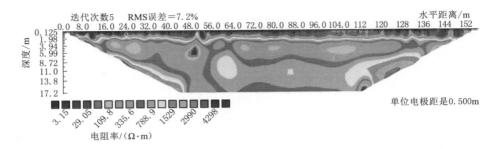

图 4.3-9　高密度电阻率法反演电阻率剖面图

行测量，采集间隔 0.25cm。测量完成后计算并绘制孔深-声速、孔深-波幅及孔深-PSD 曲线，综合波形、频率、能量等来分析介质的声学参数变化特征，根据《超声法检测混凝土缺陷技术规程》（CECS 21：2000）相关判据来划分异常，圈定缺陷。

2. 成果分析

在桩号 0+085～0+091 范围内以 2m 间距布置钻孔，钻孔深度均为 18m 左右，覆盖防渗墙深度。钻孔全部完成后进行超声波透射法检测，所得结果如图 4.3-10 所示。

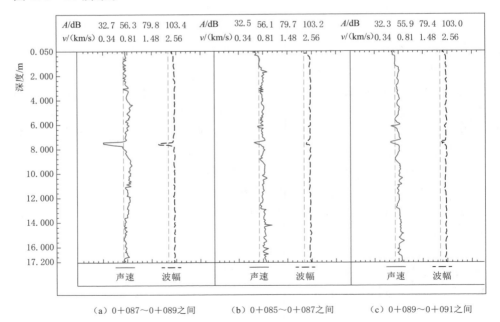

（a）0+087～0+089之间　　　（b）0+085～0+087之间　　　（c）0+089～0+091之间

图 4.3-10　超声波透射法检测成果曲线

整体上看超声波首波清晰，波形较为规则。3个剖面的平均声速、波幅较为接近。然而从图4.3-10（a）可以清晰地看出，在剖面0+087～0+089之间，深度7～8m，存在一个明显的低速、低幅值、PSD值突变异常。而在剖面0+085～0+087以及0+089～0+091之间［图4.3-10（b），图4.3-10（c）］，声速及幅值基本平稳，处于临界值以上。只在深度7.5m左右，声速及波幅略微降低至临界值之下，PSD曲线基本平滑。由此可以判断，缺陷部位应位于桩号0+087～0+089之间，深度6～8m处。具体缺陷的形态需通过钻孔电视方法检查。

4.3.3.4　钻孔电视探测

1. 工作布置

钻孔电视成像是采用摄像技术对孔壁进行拍摄和观察，识别孔内缺陷的位置、形式、程度的一种检测方法。具有操作简便、实时监测、直观真实等特点。检测时将探头按一定速率放入孔内，探头在匀速下降或上升过程中，对钻孔四周孔壁进行拍摄，同时通过电缆将全景图像实时传回到地面主机显示器上，从而可以实时检查孔内壁面质量、是否存在层间缝等。

2. 成果分析

对4个钻孔的孔壁均进行了钻孔电视观察，位于2+085及2+091的钻孔孔壁均基本光滑，未见明显裂缝、夹层、孔洞等缺陷。位于2+087处的钻孔，深度约7.6m处发现孔洞［图4.3-11（a）］。洞口呈圆形，半径约20cm，孔洞内部分充填黄色淤泥。此段孔壁也很粗糙。位于2+089处的钻孔，在深度7.7m左右处发现空洞［图4.3-11（b）］，空洞大小约20cm×10cm，未被淤泥等杂质填充，见少许污水残留，孔壁略粗糙。

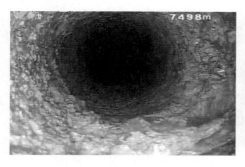
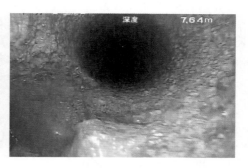

(a) 2+087处钻孔　　　　　　　　　　　　(b) 2+089处钻孔

图4.3-11　典型钻孔电视采集照片

4.3.3.5　电学参数与声学参数的对比

截取反演电阻率断面上在横坐标55处（工区桩号0+088）的电阻率值，

与 0+087～0+089 之间的超声剖面［图 4.3-10（a）］进行对比研究。由图 4.3-12 可以看出，垂向上的电阻率值和声速值变化趋势基本一致，以深度 7.0m 及 15.1m 为分界点，呈现出"减小—增大—再减小"的变化特征。第一段电阻率值由 4722Ω·m 降低至 9.8Ω·m，平均值为 1073.9Ω·m；相应的，超声波声速值从 4.76km/s 减小至 2.31km/s，平均值为 3.53km/s。第二段电阻率值由 9.8Ω·m 增大至 2815.6Ω·m，平均值为 926.8Ω·m；声速值从 2.31 km/s 增大至 4.60km/s，平均值为 3.61km/s。第三段电阻率值由 2815.6Ω·m 降低至 707.1Ω·m，平均值为 1224.7Ω·m；声速值从 4.60km/s 减小至 3.85km/s，平均值为 4.21km/s。

进一步对电阻率值及超声波声速值进行线性回归分析，从图 4.3-13 可以看出，电阻率的对数值与声速值之间呈高度正相关，两者之间的关系为

$$\ln\rho = 2.473v - 3.290 \quad (R^2 = 0.89) \tag{4.3-5}$$

式中：ρ 为电阻率，$\Omega\cdot m$；v 为声速，m/s。

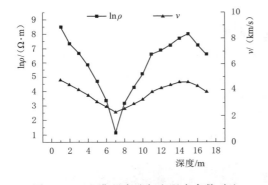

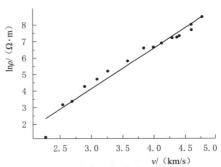

图 4.3-12 典型声速与电阻率参数对比　　　图 4.3-13 $\ln\rho$ 与 v 的相关性

回归分析表明，测区范围内防渗墙实体的电性特征与声学特征具有明显的对应关系，两者能够相互对比互相印证，即：电阻率大的声速值相应也大；电阻率小的相应声速值也小。有缺陷的墙实体，其声速值以及电阻率值相对于均匀完整的实体都是偏小的。两个地球物理参数在异常特征表现上的一致性证明，超声波透射法和高密度电阻率法在防渗墙检测中是可靠有效的。高密度电法能够快速地探测出缺陷范围，且对渗漏通道的判断具有独特的方法优势。超声波透射法虽然是破损方法，但其分辨率更高，适用于准确圈定缺陷位置及分布等。在实际工作中应根据现场情况选取合适的方法。

4.3.4 混凝土重力坝渗漏隐患探测实例

本节以江西省鹰潭市花桥水利枢纽混凝土重力坝为例。针对该坝汛期时发现坝后廊道底板出现小范围渗漏的现象，提出首先采用高密度地震映像法对坝体进行全面性普查，对于疑似存在质量缺陷的坝段，结合地震波 CT 技术进行详查。

4.3.4.1 工区概况

1. 基本概况

花桥水利枢纽正常蓄水位 132.00m，汛限水位 130.50m。大坝坝高 19m，坝顶宽 6.0m，坝轴线长 165m。从左至右依次设置了左岸非溢流坝段（长 40.0m）、河床溢流坝段（长 31m）、右岸非溢流坝段（长 94.0m）。大坝上游面为 1:0.2 边坡，下游面为 1:0.75 边坡。坝内有一条纵向的基础灌浆及排水廊道，左右侧设置有交通廊道，出口靠近下游岸坡处。

2. 地层岩性

坝址位于峡谷河段，两岸山体雄厚，地形对称，河床弱风化基岩基本出露。两岸山体残积层厚度为 2~5m，强风化层厚度左岸为 1~6m、右岸为 10~24m。坝基岩性为震旦系中下统变质花岗岩，弱下风化岩属 A_{III} 类岩体，弱上风化岩属 C_{IV} 类岩体。

4.3.4.2 地震波 CT 探测

1. 工作布置

在大坝左右坝肩处分别钻孔，对大坝坝体进行跨孔地震波 CT 扫描。两孔之间水平间距为 160m，孔深均为 16m。

本着在工作面 CT 测线设计中应尽量让地震波旅行射线在工作面中分布比较平均、不出现射线空白区等原则，本次工作面探测激发测线炮间距设置 1m，接收测线道间距 1m。每一接收点要求布置在岩层中心部位，将钢钎插入岩层，并将传感器固定在钢钎上，保证传感器的良好耦合。炮点孔径 42mm，以炮点为激发点，进行震波激发；检波点为接收点，放入 TZBS 系列传感器。地震数据的采集采用 1 台多道数字地震仪接收透射 CT 数据，形成单站一次接收 54 道的数据采集装置，记录各炮波形信号数据。现场探测地震仪器工作参数设置为：采样间隔 200μs，采样频带 2500Hz 低通，固定增益 -48~-81dB，采样长度 2048，采样延迟 0.0ms。

资料质量以射线在探测区域内的覆盖次数来衡量，从图 4.3-14 可以看出，在探测区域射线的覆盖次数基本上超过 10 次，说明原始资料质量可靠。

127

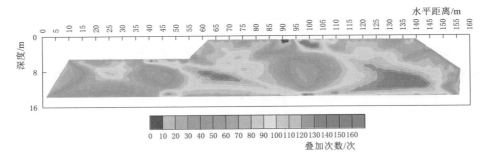

图 4.3-14　探测区域射线叠加次数图

2. 成果分析

地震波 CT 资料的处理与解释以波的旅行时特性为基础，纵波先行到达且不受其他类型波干扰，具有速度最高、频率高的特征，较易识别与处理。本次计算采用 P 波初至时间进行 CT 反演，所得结果如图 4.3-15 所示。

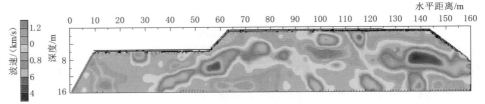

图 4.3-15　纵波波速 CT 反演断面图

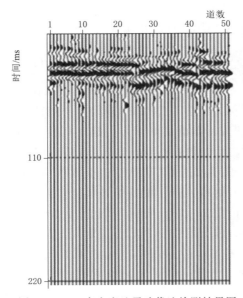

图 4.3-16　高密度地震映像法检测结果图

图 4.3-15 中依次以冷色（蓝色）到暖色（红色）从小到大来代表速度值，从速度值可以看出工作面速度相对均匀，纵波速度平均值大约为 0.8km/s。速度异常定义为平均值的 20% 以上，较高速度为高速异常，较低速度为低速异常。通过纵波波速 CT 计算，总体上划分出两个低速异常区和一个高速异常区。纵波高速异常区处于水平 95～110m，波速为 1.0～1.2km/s，推测可能为坝体内部廊道或设备；左侧低速异常区分布于 50～60m，波速为 0.4～0.6km/s，推测可能是坝体缺陷区域，但异常范围较小，可

能还未形成渗漏通道。右侧低速异常区分布于 135～160m，波速为 0.3～0.6km/s，推测可能是低强层或结合不良，已形成渗漏通道。

在地震波 CT 法初判存在质量缺陷的右侧低速区（135～160m），利用高密度地震映像法对该段进行进一步探测，以验证可疑质量缺陷，查明缺陷的具体位置。

4.3.4.3　高密度地震映像法探测

1. 工作布置

所用仪器为 MiniSeis24 型综合工程探测仪，共完成地震映像法探测 1 条25m，检测均沿两孔之间的中心轴线进行。高密度地震映像法检测采用 20 磅铁锤在轴线上进行竖向激振，单侧激发单道接收，偏移距 6m，采用 60Hz 的检波器以保证探测精度。采样点数 1024 个，采样率 0.5ms。采集完一个点后沿着轴线平移 0.5m 进行第二个点的采集，这样依次完成整个检测过程。数据采集完成后，应用 GeoCod 软件进行处理。

2. 成果分析

从图 4.3-16 可知，根据同相轴分布特征，道数 25～36 之间同相轴明显不连续，波形紊乱，对应桩号 0+144～0+150 之间的坝体可能存在缺陷，初步推测可能为裂缝或夹泥。道数 3～22 之间来自底部的反射信号较弱，推断该段（桩号 0+133～0+143）可能混凝土振捣较差，密实度较低。

对每道采集信号中反射纵波和面波的初至时间及信号的主频值的分析结果如图 4.3-17 和图 4.3-18 所示。从图中知，中间道数 25～37 之间信号的主频值较低，反射纵波和面波初至时间较晚，说明此段整体强度较低，进一步证明缺陷存在的可能。在同相轴连续性较好的地段，信号的主频值较高，反射纵波和面波到达时间较早，说明此段整体浇筑质量较好。

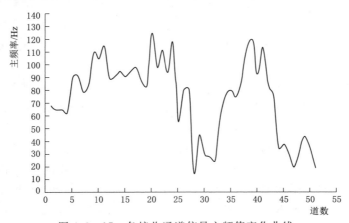

图 4.3-17　各接收通道信号主频值变化曲线

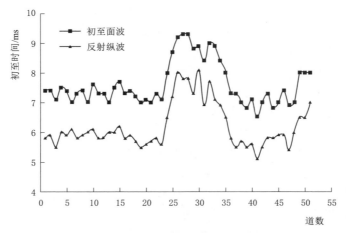

图 4.3-18　反射纵波及面波初至时间曲线

4.3.5　方法总结

本节主要内容是综合物探方法在实际堤坝渗漏隐患探测中的应用。

（1）汛期土石坝渗漏探测时间紧任务重，高密度电阻率法和地质雷达均具有便携快捷高效且覆盖范围广的特点，两种方法均适用普查和详测，且深浅互补，相互对比、分析印证，能较好地胜任汛期土石坝渗漏应急探测工作。

（2）相较于地质雷达，瑞雷面波法探测深度更深、分层更细，但是探测方法较为复杂。非汛期时可结合高密度电阻率法和瑞雷面波法，对土石坝渗漏隐患进行精准探测。

（3）研究提出基于无损探测（高密度电阻率法）和钻孔探测（超声波透射法、钻孔电视）相结合的综合检测方法，几种方法相互补充，互为印证，综合分析，形成了适用于土石坝防渗实体的多参数多尺度全方位的综合检测技术。必要时结合钻孔取芯或压水等其他方法进行验证和量化，可以使渗漏隐患探测的准确性大为提高，为后期治理加固提供科学依据。

（4）对于混凝土坝的质量缺陷检测，基于浅层地震波法的地震 CT 和高密度地震映像法更为适合。地震波 CT 可实现大坝质量的全面探查，高密度地震映像法则可进一步缩小缺陷位置范围。

（5）总结 3 个实例的应用效果，肯定了综合物探方法在堤坝隐患探测的有效性。针对不同堤坝及隐患类型、不同检测目标体和不同的检测范围、精度要求等，结合多种无损探测和局部钻孔探测手段，提出多参数多尺度融合的综合探测方法，提高了隐患探测准确率及精准度，为汛期防洪抢险及后期加固处理提供科学依据。

4.4 圩堤溃口水文应急测报

4.4.1 圩堤溃口水文应急监测

1. 水文应急监测

水文应急监测是在发生危害公众安全的涉水事件中，进行水文要素观测、调查和分析等工作。水文应急监测内容包括分洪和溃口两类，本书涉及的监测内容为圩堤溃口水文应急监测。水文应急监测方法从过去的人工监测方法发展到如今利用高新仪器设施设备的监测方法。水文应急监测具有随机性、突发性、破坏性强、社会影响大、监测环境复杂、监测危险性大等特点；与常规监测相比，存在工作环境、开展时机、精度要求等方面都存在差异性。

2. 各类监测技术在圩堤溃口水文监测中的集成应用

在水利事业迅猛发展的今天，我国已在全国范围内修建了大量的圩堤工程，它们作为国家社会经济发展的基础，带来了巨大效益。然而，由于许多圩堤历时较久、管理不当等原因，都存在着潜在溃决的危险。圩堤溃决事故在短时间内发生会产生毁灭性的灾难。快速监测、预测其溃口形状及溃口水流量的演化过程是十分有必要的，圩堤溃口模型大都借鉴水力学的经验关系估算溃口最终尺寸以及溃口泄流量，高新技术的应用使得溃口水情测报更精准和高效。

随着现代科技特别是信息技术的快速发展，通过引进先进的水文测验仪器，在此基础上结合实际应用研发系统，实现水文监测自动化，减轻了测量工作人员的强度，提高了工作效率、保障人员安全。

水文应急监测技术集成应用，体现在集成了 RTK、无人机、走航式 AD-CP、电波流速仪、压力式水位计等先进仪器设备和技术，形成一套包含数值模拟、空中观测、地面量测、水中测算的水文应急监测技术体系，实现对溃口口门宽、水深、水位、水位差、流速、流量、水量、长度、体积等要素实施全方位监测和分析，满足应急监测中的不同时间效率、不同精度监测需求。尤其是遥控船 ADCP、无人机航拍测流系统、压力水位计在应急监测中发挥重要作用，为估算决口封堵工程量、确定封堵最佳时间、制订封堵方案提供支撑。

（1）RTK GPS 测绘技术。测定溃口发生地东经、北纬等位置信息；并通过施测溃口堤顶高程和附近水文测站的水准点、实时水位等信息，统一高程基面，以便溃口与周边水文站点水文情势变化快速关联。结合全站仪施测堤防形态，分析计算溃口的土方量，为溃口封堵物料筹备和调度提供支撑。

（2）免棱镜全站仪测绘技术。无须人工手持棱镜至施测点位，无棱镜测距可达 500m，可避开溃口坍塌等不安全因素监测溃口宽度变化过程、堤防形态和接测水尺零点高程，在溃口附近临时水尺无法布设或水位观测危险时，可代替水尺施测溃口水位。

（3）遥控船监测技术。以遥控船作为水上作业载体，可搭载涉水监测的水文仪器设备。本次采用遥控船具有质地轻盈牢固、以空气驱动为动力避免漂浮物缠绕、无线通信控制等特点，搭载 ADCP 可快速便捷地收集水流流速在 3m/s 以下的溃口断面、水深、流速、流量等数据。

（4）无人机测流技术。以无人机作为载体，搭载高清摄像头和 RTK GPS，快速收集水面图像和无人机位置、高度等准确信息，利用 PIV 图像处理技术获得水面流速流态，结合水文模型计算断面流量。

（5）无人机航拍技术。以无人机搭载高清摄像头高空作业，搭载 RT-KGPS 可施测溃口宽度。

（6）手持电波流速仪监测技术。在溃口附近流速过大无法行船时走航式 ADCP 不可用，可采用电波流速仪施测表面流速，借用水深断面计算流量。

（7）压力式水位计监测技术。压力水位计具有携带方面、安装简单、安全等特点，利用 RTU 可实现水位远程在线监测。加大压力式水位计重量采用抛投可施测溃口临近岸边、水流旋涡处的水深。

（8）走航式 ADCP 监测技术。以水文测船、遥控船、三体船为载体，利用声学多普勒技术，快速收集流速量，具有精度高、适用范围广、人为因素干扰少等特点，是溃口断面、水深、流速、流量监测的重要设备。

（9）洪水动态分析模拟技术。洪水风险图通过研究分析在遭遇不同程度强洪水时面临的防洪形势，结合地理信息系统（GIS），制作蓄滞洪区洪水风险图。利用洪水风险图编制项目成果开展的水动力模型成果，如地形、构筑物等资料成果，接入实时实况降雨/洪水信息和预报水雨情信息，可构建区域二维水动力模型。模型上边界条件为实况降雨/预报降雨、实况河道水位流量；下边界条件为实况河道水位流量。模型综合考虑城市化过程中流域地形地貌变化及各种防洪排涝工程措施的影响，对江河泛滥与暴雨内涝等不同类型的洪水及其组合在研究区域的生成、发展和演变过程进行模拟。模型基于二维非恒定流水动力学方程，根据地形、地物特点，采用不规则网格技术，利用差分的方法进行数值计算，求出洪水在各运动时刻的流速、流向和水深。另外，对于区域内的圩堤、公路、涵闸、铁路等，在模型中作为特殊通道，考虑其对水流的影响作用。

模型建立在二维非恒定流方程的基础上，其基本方程：

连续方程：
$$\frac{\partial H}{\partial t} + \frac{\partial M}{\partial x} + \frac{\partial N}{\partial y} = q \qquad (4.4-1)$$

动量方程：
$$\frac{\partial M}{\partial t} + \frac{\partial (uM)}{\partial x} + \frac{\partial v(M)}{\partial y} + gH\frac{\partial Z}{\partial x} +$$

$$g \frac{n^2 u \sqrt{u^2+v^2}}{H^{1/3}}=0 \tag{4.4-2}$$

$$\frac{\partial N}{\partial t}+\frac{\partial (uN)}{\partial x}+\frac{\partial v(N)}{\partial y}+gH\frac{\partial Z}{\partial x}+g\frac{n^2 v \sqrt{u^2+v^2}}{H^{1/3}}=0 \tag{4.4-3}$$

式中：H 为水深；Z 为水位；M、N 分别为 x、y 方向的单宽流量；u、v 分别为流速在 x、y 方向的分量；n 为糙率系数；g 为重力加速度；t 为时刻；q 为源汇项，模型中代表有效降雨强度和排水强度，其中有效降雨强度指计算时段内降雨量形成的径流量，由降雨量乘以径流系数求得，排水强度是指城市区域地下排水管网系统的排水强度。

模型可接收历史与设计洪水成果代替实况暴雨/洪水作为输入，实现对历史上的某一场洪水或防洪工程建设时考虑的某一设计标准下的洪水模拟计算分析。

模型由数据前处理、主体计算模块和计算结果后处理三部分组成，它们之间的逻辑结构如图 4.4-1 所示；计算模块的逻辑结构如图 4.4-2 所示。

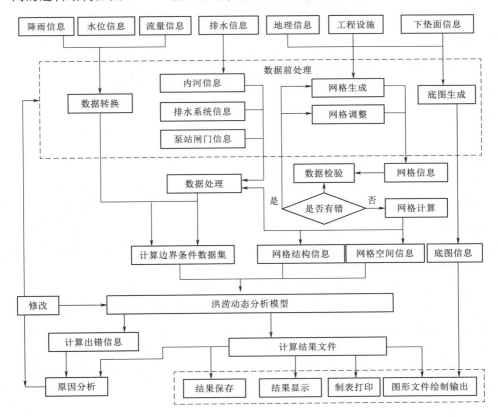

图 4.4-1　洪涝动态分析模型逻辑结构图

133

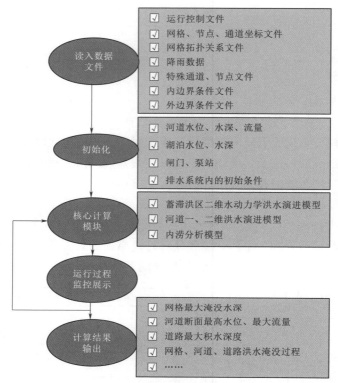

图 4.4-2　洪水动态模拟计算模块的逻辑结构

4.4.2　三角联圩水文应急监测成果

在洪涝灾害应急中，圩堤溃决现状、发展过程是防汛关注的重要内容，无人机具有视野广、灵活机动等特点，在灾害监测中具有难以取代的优势。2020年7月12日19：40，江西永修县修河三角联圩发生溃决。项目组在2020年7月13日，对三角联圩溃决进行无人机应急监测，动态跟踪到决口位置、决口宽度等信息，决口宽度132m。

1. 三角联圩简介

三角联圩位于修河水系修河北岸，坐落在江西永修县境内，距永修县城约3km，南起三角乡的建华村，至三角乡的建华村，堤线总长33.57km，涉及永修县31.37km、新建县2.2km；堤内耕地5.7万亩，涉及永修耕地5.03万亩；三角乡户籍人口26784人，当前常住人口23411人；三级联圩堤防级别4级，防洪标准20年一遇，设计洪水位21.76m。

2. 三角联圩决口过程

2020年7月12日19：40，修河发生特大洪水，三角联圩新建段发生20

余米决口,截至 7 月 13 日 14:00,决口宽度已经扩散到 132m。溃堤导致 1 个乡镇、13 个村委会 13 个自然村受淹,2.7 万余人、5.03 万亩农田受灾。

3. 水文应急监测成果

首先设置临时水尺并采用 RTK 进行了高程接测,随后在溃口外湖、溃口堤内、溃口堤内远端分别设置了 3 个自动水位监测设备,完成联网后传输实时数据至省水文数据中心。截至溃口封堵完成,共采集水位数据 3000 余条。3 个水位站监测水位过程线如图 4.4-3 所示。应急监测数据显示,三角联圩堤溃口 7 月 13 日 10:00 为 118m,后期缓慢增宽,7 月 14 日 18:00 达到最宽 132m,根据收集的工程资料,内、外坡比系数按照 1:3 计算,溃坝体积接近 3.4 万 m³。根据实测监测资料,溃口最大实测流量 1320m³/s,后呈减小趋势。根据实测流量推算出的溃口断面流量、水量变化过程。同时计算出淹没区水量信息,截至封堵完成,堤内水量约为 3.12 亿 m³(见图 4.4-4)。无人机测量的溃口宽度信息如图 4.4-5 所示。

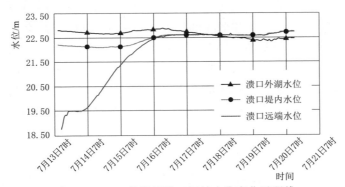

图 4.4-3 三角联圩溃口区域水位变化过程线

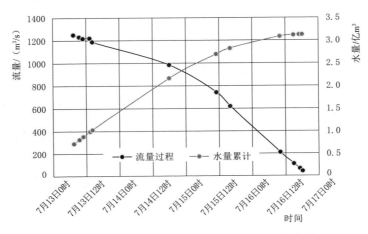

图 4.4-4 三角联圩溃口断面流量、水量曲线图

图 4.4 - 5　无人机测量的三角联圩溃堤宽度

4.4.3　三角联圩水位容积关系监测

　　为快速分析溃口圩堤进洪水量，应急情况下采用 30m 分辨率 DEM 数据进行圩堤水位-容积、水位-面积曲线的提取，并采用 RTK 接测高程对高程进行拟合，换算至统一高程基面。提取的三角联圩水位-容积、水位-面积曲线如图 4.4 - 6、图 4.4 - 7 所示。根据提取水位-容积、水位-面积曲线，按照三角联圩最高水位 22.70m 查算本次溃口区域面积为 56.8km^2，查算淹没区水量为 3.12 亿 m^3，与流量过程推算水量 3.18 亿 m^3，两者相差 0.06 亿 m^3，相对误差为 2%。

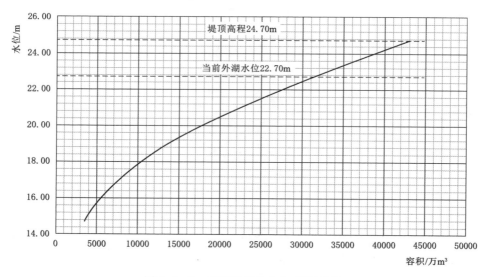

图 4.4 - 6　三角联圩内水位-容积曲线

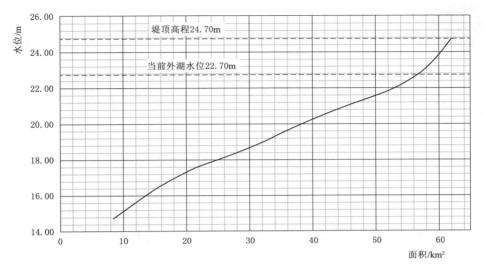

图 4.4-7　三角联圩内水位-面积曲线

出险圩堤封堵后，为尽快使灾民回归家园，尽快恢复生产生活，江西省防汛抗旱指挥部调用大量大型排水机械开展排涝作业，并根据实时监测水位依据提取的水位-容积、水位-面积曲线分析每日排水水量，剩余水量等，为人员、物资调用提供依据。

4.5　小结

（1）针对鄱阳湖圩堤管涌、接触冲刷、崩岸、漫溢 4 类最主要的致溃险情，通过创新模型试验方法，整合各类先进的科技手段，实现了对险情孕育机制的大揭秘，提出了管涌防治的新理念、准则和方法。

（2）创建了多参数多尺度融合的圩堤渗漏隐患综合探测方法，系统集成创新了物探技术，并在鄱阳湖圩堤和水库险情探测中得到广泛应用，提高了准确率及精准度。

（3）实现了溃口位置、宽度、流量、流速矢量和淹没范围多水文要素的动态跟踪，为估算堵口工程量、确定最佳封堵时间、制订封堵方案提供科学支撑；通过构建淹没区水位-面积-容积关系快速提取技术，动态测算溃口封堵后日排水量与剩余水量，为人员、物资调度提供科学依据。

第 5 章

鄱阳湖洪灾评估与险情处置防治

    洪涝灾害是突发事件，具有持续时间短、危害大等特征。为了有效地防御和洪水灾害，快速做出决策部署、实施应急抢险，必须迅速准确地监测洪水及其影响情况，快速开展洪水灾情动态评估，监测圩堤溃决现场及其影响，并利用信息化技术创建高效的专家会诊会商决策机制，开展相关技术的研发，理论研究和系统开发是及时地进行洪涝防御与抢险救灾决策的必然要求。卫星遥感、无人机航测等遥感技术以及信息化系统等高新等技术集成应用是现代防汛新手段。

    针对鄱阳湖洪灾监测时空尺度有限，单退圩等防洪工程运用缺乏科学论证，圩堤安全评估精度不高，险情应急处置和防治技术不科学、不实用、不系统等难题，本章开展了洪涝灾情遥感协同评估、单退圩减灾模拟评估、圩堤险情专家会诊与安全风险评估、险情应急抢险处置和防治等关键技术的研究，在洪涝灾害淹没范围动态监测、洪涝灾情监测、防洪工程运用监测、洪涝灾情快速评估、蓄滞洪区运用监测评估、圩堤溃决进洪影响应急监测、圩堤安全专家会诊系统平台等方面进行多技术集成，在鄱阳湖区开展多项技术集成应用，解决多层次、多角度应急监测评估需求以及省、市、县、乡、村多级联动防汛会商决策需求，构建防汛抢险与灾情评估空天地一体化集成技术，创新复杂防洪区洪涝灾情快速调查与应急响应技术，并在鄱阳湖洪灾评估和险情处置中得到应用。

5.1 洪灾遥感协同评估

    遥感技术具有观测范围大、获取信息量大、速度快、实时性好、动态性强等优势，在防洪减灾中发挥着越来越重要的作用。无人机航空遥感和卫星遥感相结合，不仅能快速有效地获取洪水态势和灾情，而且投入少，获取的评估结果也比较准确。结合人工地面调查，通过创建无人机与卫星遥感洪水态势分析模型，可实现洪水淹没、演进等洪水态势动态监测和灾情动态评估。

　　鄱阳湖覆盖范围大，传统单一卫星和无人机难以满足多时空和可视化洪灾态势评估需求。通过融合 Sentinel、高分、Landsat 等卫星遥感和固定翼、多旋翼等无人机多源遥感数据，构建了遥感洪灾态势快速协同评估体系，传感器载体涵盖多光谱、热红外、雷达、可见光等，评估要素包括淹没范围与历时、影响区域、影响交通、安全区分布等，实现了厘米级、30m 级、千米级等多空间尺度，8d、1d、小时级等多时间尺度动态监测与评估，可用于中小尺度洪水灾情、圩堤溃口、单退圩和蓄滞洪区启用前应急评估与辅助决策。

5.1.1　洪涝灾害无人机遥感应急监测

5.1.1.1　基于无人机与卫星遥感协同监测的数据快速获取

　　受多云多雨条件的影响以及卫星重访周期的限制，洪灾监测常常需要采取中分辨率和高分辨率多尺度遥感数据相结合、光学遥感与雷达遥感相结合、卫星遥感与航空遥感相结合等多种协同监测方式。

　　（1）多尺度遥感协同观测。多尺度遥感数据的协同观测可以充分发挥多源卫星遥感多时相特点，获取多时间分辨率遥感数据，实现洪灾的动态变化监测，也可以发挥无人机和高分辨率卫星遥感的高空间分辨率优势，保障监测精度，满足动态和不同精度监测需求。

　　（2）光学遥感与雷达遥感协同观测。光学遥感数据具有多个谱段，在无云条件下获得的信息量多，有利于水域及地表特征等信息的提取，但光学影响常常受到云的影响，特别是在汛期多云多雨季节，数据获取存在一定难度，而雷达遥感数据可以穿透云层，不受云雨影响，在洪涝灾害监测中具有优势，光学遥感与雷达遥感协同可以互补，提供丰富的监测信息。

　　（3）卫星遥感与航空遥感协同观测。卫星遥感数据的获取常常受到轨道、重访周期、覆盖能力等限制，获取特定区域和时间的影像有时存在较大困难，不能及时提供监测数据；无人机等航空遥感具有机动性强、观测灵活、分辨率高等特点，卫星遥感与航空遥感协同进行洪涝灾害监测可以互为补充。

　　利用多源遥感和无人机数据进行沿河排查，通过水体提取、变化检测、目视解译判读等实现灾害的发现与调查。利用不同时期的系列遥感图像，通过动态跟踪监测，及时掌握积水面积、河道变化、过流渗流等信息是应急处置的重要决策依据。

5.1.1.2　洪涝灾害无人机遥感快速识别

1. 洪涝期水域提取技术

水域的精准识别是洪灾监测评估的重要内容之一。水体在无人机遥感影像中具有明显的光谱特征，通过分析水体的光谱特征，构建水体提取指数和模型，可快速地对大范围受灾区进行监测。可见光影像和雷达影像数据协同在洪涝灾害监测中发挥了重要的作用。

（1）基于可见光/近红外遥感影像的水体提取。谱间关系法是常用的可见光/近红外遥感影像的水体提取方法，通过设置适当的阈值可提取出水体，常用的波段有：绿波段、红波段、近红外波段、短波红外波段等。清水在近红外、短波红外等波段反射能量很小，入射能量几乎全部吸收，与其他地物类型具有明显的差异，因而较为容易地从这些波段中识别水体。常用几种水体指数有：归一化水体指数（NDVI），修正的归一化水体指数（NDWI），以及其他谱间关系法，如（绿波段＋红波段）－（近红外波段＋短波红外波段）、（绿波段＋红波段）－（近红外波段＋短波红外波段）等。

（2）基于光学和雷达数据协同处理的水体提取。由于雷达遥感数据的侧视成像特点，水体和阴影较难利用后向散射系数直接区分开来。而光学影像的多个光谱信息，在阴影去除方面较雷达影像更优，雷达遥感数据叠加光学遥感数据进行洪涝灾害观测，利用光学遥感提取的先验知识，辅助水体提取，可以有效地剔除雷达阴影。纹理特征也常常用来区分阴影和水体。数据融合能较好地利用多种传感器数据空间纹理信息和光谱差异信息来增强目标之间的差异，进而提高水体提取精度。常用的融合方法有 Gram - Schmidt 融合、HSV 融合、Brovey 融合、主成分融合等，结合少量的人机交互，剔除误分类，增加漏提的水体，获得洪灾水体信息。

2. 变化检测

利用灾前和灾后以及不同受灾时间的多个时相的受灾区影像，检测出水域分布范围变化，可分析洪灾的影响范围和动态变化情况。变化检测常常使用两时相水域相减的方法，机器学习模型进行变化检测方法近几年发展迅速。

5.1.1.3　洪水灾害淹没范围遥感动态监测

通过 2020 年 5—7 月鄱阳湖区哨兵 1 号（Sentinel - 1）数据和高分 3 号遥感数据预处理，进行洪水灾害动态监测分析。

哨兵数据预处理采用 SNAP 软件进行。进行哨兵数据处理操作顺序：GRD 数据→斑点滤波→辐射定标→地理编码→数据输出。

哨兵 1 号雷达影像选用 Gram - Schmidt 融合方法，快速提取鄱阳湖地区水体范围。对每期提取的鄱阳湖淹没范围进行面积统计、叠加分析与受灾区统计分析。根据影像提取的水体空间分布结果对比，发现鄱阳湖东侧江心洲周边水域范围明显增大以及东侧鄱阳县与西侧永修县受淹严重。鄱阳湖水域淹没面积动态分析结果如图 5.1-1 所示。

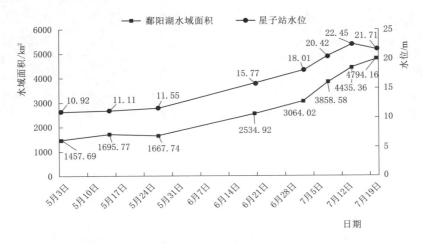

图 5.1-1　2020 年鄱阳湖水域淹没面积动态分析结果

5.1.1.4　防洪工程运用的无人机监测

洪涝灾害的发生、发展、处置以及水利工程的动态运用是一个动态的过程，有必要进行跟踪监测，以掌握灾害情况、环境信息、工程运用效果等。通过遥感和无人机，可动态跟踪洪水的发展以及水利工程运用情况。运用遥感技术可动态跟踪鄱阳湖单退圩堤工程运用的进水情况，具体监测结果如图 5.1-2～图 5.1-6 所示。

（a）2020 年 7 月 8 日　　　　　　　　　　（b）2020 年 7 月 14 日

图 5.1-2　都昌县周溪圩运用前后遥感对比

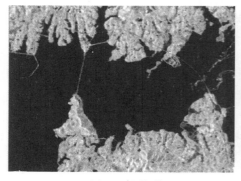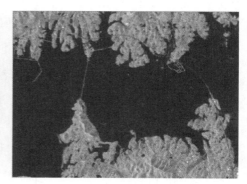

（a）2020年7月8日　　　　　　　　　　（b）2020年7月14日

图 5.1-3　都昌县新妙圩运用前后遥感对比

图 5.1-4　都昌县新妙圩无人机航拍（2020 年 7 月 14 日）

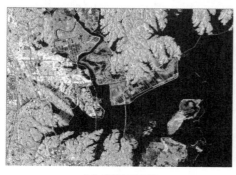

（a）2020年7月8日　　　　　　　　　　（b）2020年7月14日

图 5.1-5　共青城市湖西三圩运用前后遥感对比

图 5.1-6　共青城市湖西三圩进洪无人机航拍（2020 年 7 月 14 日）

5.1.2　洪涝灾情无人机遥感动态评估

5.1.2.1　洪涝灾害灾情评估指标

洪涝灾害的评估方法种类多样，从业务应用角度而言，不同的行业和应用部门对于灾害评估的侧重点和内容均不相同。水利和应急部门常常从监测预警、应急救援、灾后评估和灾后重建等角度出发，在汛期和紧急防汛期，常以服务洪涝决策会商为重点。洪涝灾害评估既包括对历史灾害的分析与评估，也包括单个场次洪水的损失及影响评估。常用的洪涝灾害评估指标主要有人口、房屋、农作物、基础设施的影响和损失等。

5.1.2.2　洪涝灾情快速评估

除了传统的水文学和水力学洪水风险分析与评估方法以及基于统计数据的分析方法外，无人机和卫星遥感数据也常常用来进行洪涝灾害的监测评估。根据计算的洪灾影响范围，叠加社会经济空间数据，基于 GIS 空间信息格网进行洪涝灾害损失评估是常用方法，适合于洪涝灾害灾前、灾中和灾后的损失评估。对于不同区域，如城市、农村、蓄滞洪区等，损失评估的需求、尺度、内容存在差异，研究尺度和精细程度也受限于资料数据情况。

5.1.2.3　洪水灾害影响评估

2020 年江西省共青城市浆潭联圩主动分洪后，采用无人机遥感应急观测淹没区（空间分辨率为 5cm），回传的数据包括视频图/飞行姿态，视频、大视场测绘光学等内容。在无人机获取观测数据后，利用无人航空器组网观测洪涝灾害应急监测与快速评估系统，进行淹没区洪涝灾害快速监测。监测范围内受淹总面积为 $40.55km^2$，涉及永修县、共青城市两个县级行政区，具体评估结果见表 5.1-1。

表 5.1－1 无人机遥感洪涝灾害影响评估统计表

地 区	受 淹 面 积			受淹道路	受淹居民点
	总面积/km²	耕地/km²	建设用地/km²	公路/km	村庄/个
永修县	7.09	7.09	0	0.28	0
共青城市	31.65	31.65	0	0.32	0
合计	40.55	40.55	0	0.6	0

5.1.2.4 蓄滞洪区启用前后监测评估

康山蓄滞洪区是国家重要蓄滞洪区之一，也是江西省最大、首先启用的蓄滞洪区，承担分蓄洪量 15 亿 m³；位于鄱阳湖东岸，上饶市余干县城西北部，赣江南支、抚河、信江三河汇流口的尾闾。康山蓄滞洪区从未启用过，启用将会造成重大损失，2020 年距启用水位差 1cm。为应对洪水，紧急调动 10 余架无人机携带光学相机、激光雷达、多光谱传感器、光电吊舱等多种载荷紧急进行启用前监测评估。2020 年 7 月 13 日对大堤及周边重点区域开展高精度超高分辨率无人机遥感监测，完成康山蓄滞洪区无人机 15cm 分辨率数据采集与快速处理，供给国家应急救灾部门和江西省地方防汛相关部门；紧急制订了转移方案，该成果同时可供启用后重建修复规划。

1. 避洪转移方案精细化制定

采用高分辨率无人机遥感监测数据，可精确掌握居民地、交通道路、已建安全区等分布情况，可实现精准定位安置区，精细测算有效转移时间，科学制定合理转移路线，为洪涝灾害应急开展避洪转移提供定量化数据。利用洪水分析技术，通过构建康山蓄滞洪区水动力模型，模拟分析出洪水最大包络范围的淹没面积约为 197km²，影响耕地面积为 10553hm²，影响人口 3.33 万人，主要涉及康山、瑞洪、石口、大塘等 7 个乡镇（农场），68 个自然村，详见表 5.1－2～表 5.1－5。

表 5.1－2 灾 情 分 析 统 计

淹没面积 /km²	淹没水位 /m	影响耕地 面积/hm²	影响人口 /万人	影响 GDP /亿元	淹没房屋面积 /万 m²	影响道路 长度/km
197.23	20.68	10553	3.33	9.48	27.94	91.42

表 5.1－3 研究范围内的水深-损失率/损失值关系

资产种类	淹 没 水 深/m					
	0.05～0.5	0.5～1	1～1.5	1.5～2.5	2.5～5	＞5
居民财产损失/%	10	20	35	45	60	70
房屋损失/%	9	17	22	40	50	65

资产种类	淹 没 水 深/m					
	0.05~0.5	0.5~1	1~1.5	1.5~2.5	2.5~5	>5
农业损失/%	20	60	80	100	100	100
企事业单位损失/%	13	25	40	50	65	72
公路损失/(万元/km)	3	10	30	45	80	80

表 5.1-4　　　　　　　　各类资产的洪灾损失情况　　　　　　单位：亿元

农业损失	房屋损失	家庭财产损失	企事业财产损失	道路损失	总损失
7.12	0.18	0.05	0.12	0.68	8.16

表 5.1-5　　　　　　　　各乡镇洪灾损失情况　　　　　　单位：亿元

大塘乡	康山垦殖场	康山乡	瑞洪镇	三塘乡	石口镇	总损失
0.77	1.27	1.13	3.66	0.21	1.12	8.16

在避洪转移安置的方式中，可分为就地安置和异地安置两类。转移方式分析使用 ArcGIS 辅助分析，转移方式设置流程如图 5.1-7 所示，转移安置人口规划见表 5.1-6。

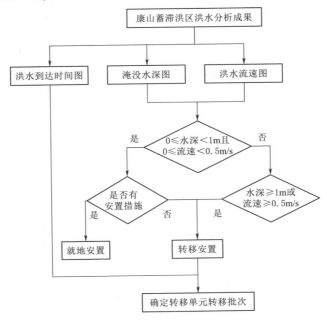

图 5.1-7　转移方式设置流程图

表 5.1-6 转 移 安 置 人 口 规 划

序号	乡镇	行政村	自然村	转移人数/人			不转移人数/人
				第一批 (<12h)	第二批 (12~24h)	第三批 (>24h)	
1	康山乡	大山村	大山村	423	90	170	336
2			山背村	328	73	140	293
3		团结	团结村	1146	16	25	737
4		王家	府塘村	697	31	47	156
5			王家村	996	46	70	285
6		府前	府前村	571	25	38	275
7		山头	山头村	197	17	26	407
8		金山	金山村	529	277	408	866
9	瑞洪镇	建设村	墩上村	0	0	26	1149
10			新屋下村	0	0	16	711
11		上西源	上西源	0	53	56	1192
12		东一村	东一村	0	28	115	1702
13		东二村	东二村	21	105	107	1614
14		东三村	东三村	76	57	39	1673
15		大源垅	大源垅	282	159	69	1325
16		下西源	下西源	297	228	107	600
17		西岗	西岗	2084	609	2745	4997
18		寺昌源	寺昌源	5	30	30	884
19		后岩	后岩	0	0	61	1802
20		湾头	刘家村	31	37	60	364
21			湾头村	46	57	91	554
22		后山	后山	2510	91	78	3102
23		把山	把山	376	243	230	862
24		柏叶房	柏叶房	2	7	2	17
25		江家	江一	0	0	0	4504
26			江二				
27			江三				
28		后沿	后沿	0	0	0	1552
29		前沿	前沿	0	0	0	1100

续表

序号	乡镇	行政村	自然村	转移人数/人			不转移人数/人
				第一批 (<12h)	第二批 (12~24h)	第三批 (>24h)	
30	瑞洪镇	仓前	仓前	0	0	0	1782
31		驾湖	徐家村	0	0	0	2604
32			黄家村				
33		谢家	谢家	0	0	0	4951
34		前山	前山	0	0	0	1024
35		罗家	罗家	0	0	0	2864
36		高峰	高峰	0	0	0	1954
37		小山	小山	0	0	0	1453
38	石口镇	南源	南源村	192	143	72	158
39			里何嘴	144	107	54	119
40			霍家嘴	143	106	54	117
41		东湾	东湾	2468	180	162	1434
42		湖滨	湖滨村	917	38	86	816
43			沙帽山村	475	21	47	175
44		后何	后何村	129	57	95	869
45			白果村	103	46	75	692
46			占家村	91	40	67	611
47		古竹	古竹	355	271	179	1923
48		前何	前何村	10	23	41	1328
49			张家村	7	15	27	887
50		院前	院前	719	46	30	1117
51		刘埠村	刘埠村	446	177	157	1659
52			饶源	205	118	104	1193
53	大塘乡	和平	和平	736	103	104	789
54			细里山	202	44	44	452
55		胜利	胜利	486	154	220	1867
56		幸福	对岸村	221	67	39	84
57			幸福村	383	101	58	126

续表

序号	乡镇	行政村	自然村	转移人数/人			不转移人数/人
				第一批（<12h）	第二批（12～24h）	第三批（>24h）	
58	大塘乡	同心	同心	539	32	36	180
59		江家山	石门头村	273	161	16	95
60			南垅村	459	242	24	143
61		陈家塘	陈家塘	497	34	71	317
62	康山垦殖场	甘泉洲分场	甘泉洲分场	792	0	0	0
63		里溪分场	里溪分场	0	0	0	342
64		莲池	莲池	0	0	0	1400
65		里溪村	里溪村	100	28	18	1914
66		插旗分场	插旗分场	255	0	0	0
67	康山管理局	康山大堤管理局	康山大堤管理局	48	0	0	98
68	大湖管理局	大湖管理局	大湖管理局	18	0	0	0

2. 启用后重建修复规划

可获取区内 0.2m 高分辨率的耕地、林地、房屋、居民地、交通道路、已建安全区、水利工程设施等分布情况，为启用后重建规划和灾后补偿提供科学依据。

5.2　单退圩减灾模拟与评估

5.2.1　基于水动力模拟的洪水灾害风险分析

1. 水动力模型基本原理

鄱阳湖洪水进入单退圩堤的圩区中，此时水流呈现明显的二维特性，水流流态更为复杂，而二维水动力学模型能够直观地显示洪水演进过程。在现代计算机技术与计算方法的快速发展下，二维水动力模型成为常用的分析技术方法之一，越来越多的水利工程采用二维水动力模型对任意组合、不同规模的洪水进行洪水淹没模拟。其中，丹麦 MIKE21 模型是常用的洪水演进数值模拟软件，其原理是采用二维水动力学数学模型模拟水流运动，动态地模拟可以直观得出水位、流量、流速和流势等重要的水力指标随时间的变化关系曲线。

MIKE21 模型将河道水流看成不可压缩的牛顿液体，采用 Navier - Stokes 方程组来描述河道水流运动规律。引入涡黏系数来量化河床底部摩阻作用和紊动影响，建立平面二维水动力数值模型。

模型控制方程包括平面二维流连续方程，计算表达式为

$$\frac{\partial \eta}{\partial t} + h\,\frac{\partial u}{\partial x} + h\,\frac{\partial v}{\partial y} = 0 \tag{5.2-1}$$

x 方向上的二维水流动量方程为

$$\frac{\partial u}{\partial t} + u\,\frac{\partial u}{\partial x} + v\,\frac{\partial u}{\partial y} + g\,\frac{\partial \eta}{\partial x} + \frac{gu\,\sqrt{u^2 + v^2}}{c^2 h} = v_t\left(2\,\frac{\partial^2 u}{\partial x^2} + \frac{\partial^2 u}{\partial y^2} + \frac{\partial^2 v}{\partial x \partial y}\right) \tag{5.2-2}$$

y 方向上的二维水流动量方程为

$$\frac{\partial v}{\partial t} + u\,\frac{\partial v}{\partial x} + v\,\frac{\partial v}{\partial y} + g\,\frac{\partial \eta}{\partial y} + \frac{gv\,\sqrt{u^2 + v^2}}{c^2 h} = v_t\left(2\,\frac{\partial^2 v}{\partial x^2} + \frac{\partial^2 v}{\partial y^2} + \frac{\partial^2 u}{\partial x \partial y}\right) \tag{5.2-3}$$

式中：t 为计算时间；x、y 为右手 Catesian 坐标系方向；h 为静止水深；u 为流速在 x 方向上的分量；v 为流速在 y 方向上的分量；η 为水面到基准面的高度，即水位；g 为重力加速度；v_t 为涡黏系数；c 为摩擦系数，$c = h^{\frac{1}{6}}/n$，n 为粗糙度系数。

2. 初始条件设定

网格产生以后，必须给各个计算单元赋予初始状态。初始条件可以是网格节点的初始水面高程或水深，或者 x、y 方向上的初始流速。初始条件的规定，一是根据问题的物理需求，如静水或均匀流；二是根据部分地点的观测数据，所缺空间分布由内插估计。常设初始流动为已达平衡态的恒定流，初始条件的误差随着时间会很快衰减。

3. 边界条件

圩区上边界条件根据研究目的的不同可选取流量边界或者水位边界，水位和流量又可分为不同工况下的边界条件，例如，历史最高水位或流量过程、设计水位或流量过程、实测时段水位或流量过程等。

圩区若是封闭状态，则可不设置下边界条件；若不是封闭，则下边界条件一般为边界处的水位或流量过程。

除此之外，还对道路、涵洞、桥梁等相关建筑物进行了概化，以便在设置内边界时能考虑到区域内道路及堤防的阻水作用和过水涵洞的过水作用。

由于计算区域中存在随水位涨落而变化的动边界，为保证模型计算的连续性，采用"干湿处理技术"，干湿水深分别采用系统默认值 0.005m 与 0.10m，即当计算区域水深小于 0.005m 时，该计算区域记为"干"，不参加计算；当水深大于 0.10m 时，该计算区域记为"湿"，重新参加计算。

4. 参数选取

MIKE21 模型参数包括数值参数（取默认值）和物理参数河床糙率系数、动边界计算参数和涡黏系数等。MIKE21 水动力数学模型的糙率系数是关键参数，反映水流阻力的综合参数。下垫面糙率系数可依据《洪水风险图编制导则》（SL 483—2017）给出的糙率变化范围结合研究区域河床现状进行率定取值。

5. 典型单退圩洪水灾害风险分析

洪水灾害是自然灾害中对人类影响和危害较为严重的一种。近年来，人类在总结经济发展与洪水灾害相互竞争的历史经验中逐步提出了新的防洪减灾策略，即：对洪水灾害进行管理，调整人与水的关系，由原来的"防御洪水"转变为"洪水管理"，实现人与水的协调发展。而在洪水管理中，洪水风险分析是其中一项重要的工作。

洪灾风险分析是围绕洪水造成的危害，采用定性与定量相结合的方式，用语言描述和数值形式来表达洪灾影响。据此，可以确定洪灾风险分析的主要内容包括洪灾损失评估和洪灾风险评价。

洪灾损失评估是洪灾风险分析的内在要求。洪灾损失分析计算不仅需要对单退圩堤圩区的水位流量过程以及洪水淹没范围、最大淹没流速和淹没历时等自然属性进行分析评价，还需要对洪水淹没区的区域的耕地、畜养、社会经济、基础设施等社会经济属性损失进行评估。

洪灾损失是承灾体的损失，洪灾的承灾体主要是人类社会以及与其关系密切的生态系统，主要包括人口和农作物，其受洪灾的影响最大；此外，工商企业、建筑物、基础设施等也是承灾体的重要内容。洪灾损失包括有形损失和无形损失，而有形损失可以进一步分为直接损失和间接损失。在单退圩堤洪灾损失分析主要包括经济损失和生命损失计算。具体情况如图 5.2 - 1 所示。

洪灾风险评价是洪灾风险分析的客观表达。为了更直观地表达洪灾风险的空间格局与内在规律，可以在洪灾风险评价基础上进行宏观分区，也就是说可以根据洪水对淹没区人口、社会经济和生态环境等的危害程度，绘制洪灾风险等级区划图。

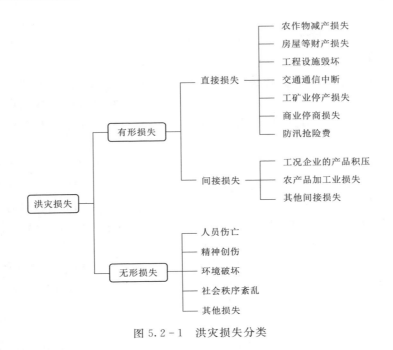

图 5.2-1　洪灾损失分类

5.2.2　基于多目标的鄱阳湖单退圩堤洪灾风险评价模型

1. 多目标决策理论的层次分析法

在鄱阳湖单退圩洪水动态模型中，洪灾风险评价宜采用层次分析法来求解各指标权重。

层次分析法（analytic hierarchy process，AHP）是美国运筹学家 T. L. Saaty 等在 20 世纪 70 年代提出的一种解决多目标复杂问题的定性与定量结合的决策分析方法。其基本思路是决策者经过分析系统中的元素关系建立一个有序的层次结构；然后运用经验对每个层次对于上一层次的重要性进行两两比较，并确定其相应权重；最后计算各层元素对于系统目标的合成权重，并进行优劣排序。由于层次分析法作为决策工具有着适用性、简洁性、实用性和系统性等明显的优点，对洪灾风险评价来说，可以应用层次分析法科学合理地计算各个指标的权重。层次分析法包括 4 个步骤：建立递阶层次结构、构造各层次判断矩阵、单层次排序及一致性检验和总层次排序及一致性检验。

（1）建立递阶层次结构。采用层次分析法分析决策问题时，首先要把问题有序化、层次化，构造出具有层次风险分析结构模型，将复杂问题分解为元素的组成部分，然后按照属性和关系将这些元素构建多个层次。上一层次的元素作为准则支配下一层次的元素，主要可以分为以下 3 类层次：①最高层：也称为目标层，存在一个因素，在评估决策问题中，该因素代表了评估决策目标，在层次模型中，位置处于顶端；②中间层：中间层也可以成为准则层，影响目标层的因素就存在该层，各个因素之间有两种关系，其中一种是互不影响型，另一种是高层因素优于下层因素，进而形成了准则层、子准则层，所以准则层可以有多层，在模型中，处于中间位置；③最低层：最低层也称为方案层，为目标层提出的措施、方案或指标，在层次模型中，位于层次模型的最下层。

（2）构造各层次判断矩阵。建立模型后，虽然由各因素之间的关系组成层次结构，但在目标衡量体系中，各因素所占的比重不完全相同，即在影响目标实现的程度上会有所差异，这就需要对判断矩阵中两个准则的重要性标度进行确定。将每层的排序计算问题简化为一系列，成对因素进行判断比较，并根据一定的比率标度将判断定量化，形成比较判断矩阵。

判断矩阵表示上层某因素和与之有关的因素之间的相对重要性的比较。假设 A 层因素中 A_k 与下层中的 B_1，B_2，…，B_n 有联系，可构造判断矩阵见表 5.2-1。

表 5.2-1 　　　　　　　　　　　判　断　矩　阵

A_k	B_1	B_2	…	B_n
B_1	b_{11}	b_{12}		b_{1n}
B_2	b_{21}	b_{22}		b_{2n}
…	…	…		…
B_n	b_{n1}	b_{n2}	…	b_{nn}

矩阵元素的计算，Saaty 建议用 9 位标度法，见表 5.2-2，其中 b_i、b_j 表示两个比较因素。9 位比率标度表使得决策者的判断数学化，但必须保持判断思维的一致性。所谓判断思维的一致性，对判断矩阵来说，有如下关系：

$$b_{ij} = \frac{b_{ik}}{b_{jk}} \quad (i,j,k=1,2,\cdots,n) \qquad (5.2-4)$$

表 5.2-2 　　　　　　　　　　　9　位　标　度　法

标度	含　义	备　注
1	b_i、b_j 同等重要	
3	b_i 比 b_j 稍微重要	2、4、6、8 为相邻判断的中间值，并且
5	b_i 比 b_j 明显重要	$b_{ji} = \dfrac{1}{b_{ij}}$
7	b_i 比 b_j 强烈重要	
9	b_i 比 b_j 极端重要	

（3）单层次排序及一致性检验。通过判断矩阵的最大特征值及其特征向量，可计算出某层次因素相对于上一层次中某一因素的相对重要性权重，这种排序计算称为层次单排序。

根据矩阵理论，判断矩阵在满足上述完全一致的条件下，具有一非零的、也是最大的特征根：

$$\lambda_{\max} = n \qquad (5.2-5)$$

其余的均为零。对于层次单排序计算问题，可归结为计算判断矩阵的最大特征根及其特征向量的问题，即

$$AW = nW \qquad (5.2-6)$$

但在实际中，精确的 $\dfrac{W_i}{W_j}$ 度量是不能估计出来的，因此，不能保证判断完全一致，尚需对所构造的矩阵进行一致性检验。

根据矩阵理论，若 A 阵完全一致时，$\lambda_{\max} = n$；若 A 阵不完全一致时，$\lambda_{\max} > n$。

综上所述层次单排序一致性测试方法为：判断是否满足 $\lambda_{\max} = n$。当正互反矩阵 A 非一致性程度越高则 $\lambda_{\max}$ 比 n 越大。层次单排序一致性检验过程如下：

一致性指标 CI 到的计算：

$$CI = \frac{\lambda_{\max} - n}{n-1} \qquad (5.2-7)$$

查找平均随机一致性指标 RI 表，见表 5.2-3。

表 5.2-3　　　　　　　判断矩阵的一致性检验表

维数	1	2	3	4	5	6	7	8	9
RI	0.00	0.00	0.58	0.90	1.12	1.24	1.32	1.41	1.45

当 $CR = \dfrac{CI}{RI} < 0.1$ 时，即认为判断矩阵具有一致性。

通过一致性检验之后，根据检验结果计算单层次排序，假设 n 阶判断矩阵的单层次排序权重向量 $W = (W_1, W_2, \cdots, W_n)^{\mathrm{T}}$，若判断矩阵 A 为一致性矩阵，则 $AW = nW$，所以 A 的特征向量是 W，n 是特征值，则计算出 A 的特征向量是单层次排序权重向量 W。

（4）总层次排序及一致性检验。评价指标层次总排序是指所有风险指标相对于总目标，它是一个从高层到低层循序渐进的过程。假设上一层 X 中包含 n 个指标因素 X_1，X_2，$\cdots$，X_n，它们所对应的层次总排序权重依次为 x_1，x_2，$\cdots$，x_n。假设下一层 Y 中包含 m 个指标因素 y_1，y_2，$\cdots$，y_m。他们对于

X 层中某个指标因素 X_j 的层次单排序权重系数分别为 y_{j1}，y_{j2}，$\cdots$，y_{jm}（如果在实际中，Y_i 与 X_j 无关，则 $y_{ij}=0$）那么，Y 层各指标因素对于总目标的权重可由式（5.2-10）求得

$$y_i = \sum_{j=1}^{n} y_{ij}x_j \quad (j=1,2,\cdots,m) \qquad (5.2-8)$$

尽管在计算层次结构单排序权重时进行过一致性测试，但在计算综合层次总排序权重中，单层次上不一致的积累最终会导致结果中的不一致性更大，因此层次总排序时，须再次执行一致性测试。Y 层中对于 X 层的判断矩阵的层次单排序一致性指标是 $CI(j)$，$j=$（1，2，$\cdots$，m），则层次总排序一致性比例由下述公式求得

$$CR = \frac{\sum\limits_{j=1}^{m} CI(j)a_j}{\sum\limits_{j=1}^{m} RI(j)a_j} \qquad (5.2-9)$$

式中：$RI(j)$ 为相应的平均一致性指标。

当检验 $CR<0.10$ 时，表明计算所得层次总排序与层次单排序的一致性结果检验相同。权重越高，对目标层的相对重要性就越高，也表示越符合要求，因此有必要选择权重最高的指标。

2. 评价指标标准化

由于评价指标复杂多样，含义和量纲各不相同，各个指标之间不具有可比性，为了对各个指标数据进行综合运算，可以将其划分为定性指标和定量指标两类。其中，定性指标具有模糊性的特点，很难用确切的公式或数值表示出来，只能对其特性作模糊性的描述；定量指标虽然可以用具体的数值度量出来，但是由于各指标量纲和取值范围不同，不具有可比性，所以，需要对各项评价指标进行无量纲化处理。

由于定性指标的非定量性和模糊性，很难用精确的数值表示，只能用模糊数学的方法对其进行量化处理，常用的处理方法主要有等比重法、极值统计法和专家打分法。其中，专家打分法以其可操作性强，试用范围广的特点，在工程领域对定性问题的处理中应用的最多。

无量纲化是采用数学计算公式消除量纲影响的一种方法，是像洪灾风险评价这种多指标评价过程中必不可少的环节。评价指标的无量纲化过程实质上也是求指标隶属度的过程，所以有必要根据各项指标特有的性质确定隶属度计算公式。常用的无量纲化方法有折线型、曲线型和直线型 3 种。本模型采用直线型方法进行无量纲化处理。

3. 洪灾风险评价指标体系

构建洪灾风险评价指标体系应该围绕洪灾风险的本质特征，遵循评价指标

选取原则，以危险性及易损性为基础展开。

选取洪水强度指标来描述洪水危险性。洪水强度表示洪水级别的高低，一般由不同频率暴雨引发洪水可能导致的洪水淹没水深、淹没流速、淹没历时和淹没面积等指标来表示，强度越大，说明洪水的级别越高，造成的损失也越大。

评价承灾体易损性是通过对社会经济情况来衡量洪水灾害给研究区带来的经济损失。根据圩区实际情况，从耕地、畜养、基础设施、人口 4 个方面来反映承灾体易损性。描述人口易损性时选择人口密度指标，即单位面积上的年末总人口数；耕地可以通过农业密集程度来表示，选用耕地面积密度指标；基础设施则选取道路交通密度指标；畜养选取养殖密度指标。当遭遇相同量级的洪水时，人口密度、耕地密度、养殖密度、道路交通密度越高，单位面积居住户数越多，造成的损失越大，洪灾风险也越大。洪灾风险评价指标体系结构如图 5.2－2 所示。

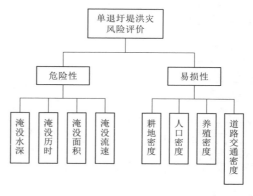

图 5.2－2 洪灾风险评价指标体系结构图

5.2.3 单退圩建设背景与 2020 年应用概况

5.2.3.1 建设背景

长江中下游沿江滨湖区域，土地肥沃、雨量充沛。随着人类活动的加剧，为了缓解农田紧缺与粮食需求增加的矛盾，洲滩筑堤围垦活动渐多。鄱阳湖、洞庭湖区围湖造田始于汉唐、兴于明清、盛于新中国成立初期，尤其是 20 世纪 50—70 年代，长江中下游被围垦的湖泊超过 1/3，总面积达 1.3 万 km² 以上。

1954 年、1998 年发生的流域性特大洪水，造成滨湖大量圩堤溃决、人员受淹，损失惨重。特别是 1998 年洪水，长江流域降雨量和干流主要水文站洪量均小于 1954 年，但中下游控制站点水位普遍高于 1954 年，过度围垦和筑堤束洪是主要因素。

1998 年高水位、中流量、致灾大的显著特点，引起了人们的深刻反思，为减缓"人争水地，水致人灾"的现象，1998 年汛后国家在长江中游启动"平垸行洪、退田还湖"工程，提出 3～5 年内在安徽、江西、湖南和湖北 4 省有计划地开展平垸行洪、退田还湖、移民建镇工作，退田还湖工程全面启动，

其中江西省共有 418 座圩堤纳入实施计划，总投资 3.92 亿元。江西省采取
"单退"和"双退"两种圩堤退田还湖方式：单退圩堤低水种养、高水行洪，
退人不退田；双退圩堤自然还湖为滩涂或水域，退人又退田。

5.2.3.2　基本现状

江西退田还湖工程 2007 年完工，共平退圩堤 417 座，主要分布在鄱阳湖、
长江沿湖滨江地区，其中单退圩堤 240 座、双退圩 177 座。单退圩堤中，鄱阳
湖区 185 座、其他 55 座，堤线总长 683.9km，保护面积 108 万亩，设计进洪
量 36.95 亿 m³（见表 5.2-4）。实施后鄱阳蓄洪面积基本恢复到 1954 年的水
平，恢复面积近 1174km²。

表 5.2-4　　　　　　　　　　　鄱阳湖单退圩分布

县（市、区）	座数/座	进洪量/亿 m³	圩内面积/万亩	堤长/km
南昌县	1	1.21	3.30	27.1
进贤县	2	0.91	3.23	4.1
新建区	4	0.90	2.82	18.1
湖口县	6	4.55	12.42	6.2
德安县	7	0.32	1.30	22.7
永修县	8	1.51	5.85	46.6
九江县	8	0.79	4.01	32.2
共青城	9	0.48	1.48	31.3
余干县	12	1.55	4.57	33.9
瑞昌市	13	0.56	2.20	40.7
濂溪	16	1.74	4.90	17.5
彭泽县	17	0.91	3.59	53.8
鄱阳县	27	7.97	21.75	141.5
庐山市	46	4.01	10.84	110.6
都昌县	64	9.54	25.74	97.6
小计	240	36.95	108.00	683.9

注　进洪量参照湖口站 22.5m 设计，下同。

5.2.3.3　单退圩运用条件

根据《长江洪水调度方案》，鄱阳湖区洲滩民垸和蓄滞洪区启用条件为：
湖口水位达到 20.50m 时，并预报继续上涨，视实时洪水水情，长江干堤之
间、鄱阳湖区洲滩民垸进洪，充分利用河湖泄蓄洪水。湖口水位达到 21.50m
（鄱阳湖万亩以上单退圩堤水位为 21.68m，是 1954 年最高洪水位）时，洲滩
民垸应全部运用。湖口水位达到 22.50m，并预报继续上涨，首先运用鄱阳湖

区的康山蓄滞洪区，相机运用珠湖、黄湖、方洲斜塘蓄滞洪区蓄纳洪水。同时做好华阳河蓄滞洪区分洪的各项准备。

　　江西对单退圩运用进行了细化：万亩以上受湖洪控制的为湖口站水位 21.68m（1954 年最高洪水位），受河洪控制的为相应河段 10 年一遇的洪水位；万亩以下相应为湖洪 20.50m 水位和河洪 5 年一遇洪水位。表 5.2-5 为不同进洪条件的单退圩统计，从表中可看出，湖控单退圩占比较大：座数占 78.3%，进洪量占 91.4%；其中湖控万亩以上虽仅 25 座，但进洪量占 61.1%。

表 5.2-5　　　　　　　　　鄱阳湖单退圩进洪条件统计

进进洪条件	座数	进洪量/亿 m³	圩内面积/万亩	堤长/km
相应湖口水位 20.50m	163	11.22	31.50	326.4
相应湖口水位 21.68m	25	22.56	63.52	204.4
相应河段 10 年一遇洪水	1	0.33	1.30	11.6
相应河段 5 年一遇洪水	41	2.03	8.79	120.8
其他	10	0.80	2.89	20.7
小计	240	36.95	108.00	683.9

5.2.3.4　2020 年洪水应用情况

　　图 5.2-3 所示为鄱阳湖湖口站 1999—2020 年历年最高洪水位。从图中可以看出，2016 年、2017 年湖控单退圩达到 20.5m 运用条件，1999 年、2020 年达到 21.68m 全部运用条件，由于 1999 年"平垸行洪、退田还湖"工程尚在实施期，2016 年、2017 年湖口站水位超 20.50m 后预测涨幅有限，故仅 2020 年进行了首次运用。

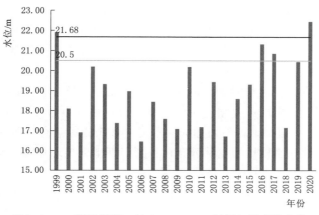

图 5.2-3　鄱阳湖湖口站 1999—2020 年历年最高洪水位

面对异常严峻防汛形势，经水库群调度后，鄱阳湖区仍然面临巨大的防洪压力，2020 年 7 月 8 日开始，问桂道圩、中洲圩和三角联圩 3 座万亩以上圩堤、10 余座千亩堤先后决口。在调度上游水库拦蓄洪水的同时，江西省 7 月 9 日、7 月 13 日先后两次要求各地启用单退圩分蓄洪水。

5.2.3.5　单退圩运用评估

1. 洪水风险监测

1998 年特大洪灾之后，国家在长江中游启动"平垸行洪、退田还湖"工程。江西省采取"单退"和"双退"两种圩堤退田还湖方式，其中双退圩已退为天然湖区，而单退圩的管理和运用还需要在实践中逐步完善。2020 年鄱阳湖遭遇超历史洪水，大量单退圩首次运用，取得了较好的成效，但也暴露出不少短板。

洪灾具有较大范围的破坏性和突发性，采用合理可行的洪水预测模型可以起到很好的预警作用，为政府部门争取更多的防汛准备、人员安置时间，补齐短板。针对 2020 年鄱阳湖特大洪水情况，利用水文学的水量平衡原理和水力学的二维水动力学原理两种方法，进行单退圩堤的进洪过程模拟。在模拟过程中，两种方法相辅相成，在水量平衡原理的基础上，概算出进入单退圩堤圩区内洪量与时间的关系，再在二维水动力学的基础上，建立洪水进圩的动态模型，精确模拟进圩洪水过程及其在圩区演进规律。根据计算结果，整理出洪水淹没范围与水深、洪水到达时间分布、淹没历时等专题图件，为鄱阳湖单退圩堤洪灾风险预测提供模型和理论依据，提前预估可能存在的洪灾风险，加强洪水风险管理，降低洪涝灾害损失。

2. 洪水风险评估

洪水风险评估需要综合考虑各种因素，包括流域特征、气象特征和区域特征。由于资料稀缺、影响因素复杂以及概率分布多样，洪水灾害评估存在很大的不确定性。目前，洪水灾害风险评估的方法主要有 3 种：①基于历史数据的洪灾风险分析方法；②基于系统指标的洪灾风险分析方法；③基于情景分析的洪灾风险分析方法。

鄱阳湖单退圩堤洪水灾害风险评估拟采用基于系统指标的洪灾风险分析方法，通过以下步骤实现：建立包含危险性和易损性的洪水风险评估指标体系；使用 AHP 方法确定每个评估指标的权重；对各个指标进行标准化处理；明确洪水灾害危险性和易损性的空间分布；将鄱阳湖地区单退圩堤洪水灾害风险分布可视化。

大多数洪灾风险评价都是从洪水形成机理角度来评价洪水危险性，即选取致灾因子和孕灾环境中的某些可以量化的指标。联系实际情况，致灾因子即为入圩洪水，从而针对单退圩堤圩区遭遇鄱阳湖洪水后进行洪灾风险评价。因此，选取洪水强度指标来描述洪水危险性。危险性指标包括洪水淹没水深、淹没流速、淹没历时和淹没面积等指标。易损性是通过对社会经济情况来衡量洪水灾害给研究区带来的经济损失，从耕地密度、养殖密度、基础设施密度和人口密度等多个方面来反映承灾体易损性。

3. 关键技术

基于水文学的进洪模拟技术。圩区进洪过程模拟需要利用堰流公式，得到入圩流量与时间的关系，再采用水量平衡方程逐时段演算，利用梯形数值积分法计算逐时段的入圩水量和出圩水量。结合圩内水位库容关系，计算出进洪期间圩内水位的变化过程。

基于水动力学的进洪模拟技术。建立二维圩区洪水演进模拟模型，采用MIKE21水动力模块建模，其原理是基于数值解的二维浅水方程，可以模拟各种作用力下产生的水位和水流变化及任何忽略分层的二维自由表面流。在平面上采用非结构化网格，采用的数值方法是单元中心的有限体积法。二维洪水演进模型控制方程采用平面二维非恒定流 Nervier - Stokes 方程组，包括水流连续性方程和动量方程。圩区的二维水动力学洪水演进模型能够提供丰富的计算信息，如洪水到达时间、淹没范围、淹没水深、淹没历时等。

基于多目标的洪灾风险评价模型。根据实际资料，构建评价指标体系，利用层次分析法，计算出各个评价指标的权重，在对各指标进行标准化处理，计算得出评价结果，为防洪决策部门提供参考依据。

5.2.4 基于水文学的单退圩进洪过程模拟

1. 水文学方法的基本原理

对于单退圩堤的进洪过程，可以采用水文学中水量平衡法，也是工程中广泛应用的一种方法。水量平衡方程为

$$(Q_1+Q_2)\frac{\Delta t}{2}-(q_1+q_2)\frac{\Delta t}{2}=V_2-V_1 \tag{5.2-10}$$

式中：Q_1 为时段初进圩流量，m^3/s；Q_2 为时段末进圩流量，m^3/s；Δt 为计算时段长度，s；q_1 为时段初出圩流量，m^3/s；q_2 为时段末出圩流量，m^3/s；V_2 为时段初圩内蓄洪量，m^3；V_1 为时段末圩内蓄洪量，m^3。

鄱阳湖万亩以下单退圩多采用人工扒口或进洪堰方式，而万亩以上普遍采用进洪闸和滚水坝结合方式，进洪流量可按实用堰公式，出流方式按自由出流，则进圩流量 Q_1 和 Q_2 可以应用堰流公式（5.2-11）。

$$Q=m\sigma\varepsilon B\sqrt{2g}H_0^{1.5} \tag{5.2-11}$$

式中：m 为流量系数，根据相关规范的规定取值；σ 为淹没系数，自由出流时取 1.0；ε 为侧收缩系数，根据闸墩厚度及墩头形状而定，可取 $0.90\sim0.95$；

B 为溢流堰净宽，m；g 为重力加速度，m^2/s；H_0 为计入行进流速的堰上总水头，堰前水域开阔行进流速可取零，m。

q_1 和 q_2 根据圩堤内排洪实际情况而定，若分洪期间无排洪措施或排洪量很小可忽略不计，则 q_1 和 q_2 可取零。

2. 水量平衡应用过程

在取得鄱阳湖水位变化过程、单退圩堤的水位库容关系、出圩流量变化过程以及分洪初圩内蓄洪量的前提下，进行以下过程：

（1）利用式（5.2-11）和鄱阳湖水位变化过程取得进圩流量变化过程。

（2）确定合适的计算时段。

（3）依据进圩和出圩流量变化过程，利用式（5.2-10）和时段初圩内蓄洪量计算出时段末圩内蓄洪量。

（4）上一时段末圩内蓄洪量作为下一时段初蓄洪量，进行下一时段水量平衡计算。

（5）重复前两步，直至圩内蓄洪量达到设计蓄洪量或者分洪过程结束，得出圩内蓄洪量变化过程。

（6）根据单退圩堤的水位库容关系和圩内蓄洪量变化过程，最后得出圩内水位变化过程。

计算流程如图 5.2-4 所示。

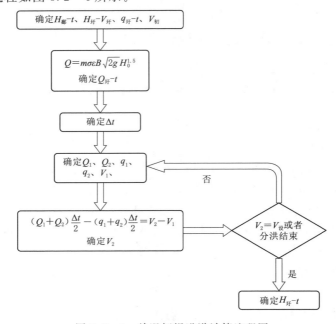

图 5.2-4 单退圩堤进洪计算流程图

　　针对 2020 年鄱阳湖特大洪水情况进行单退圩堤进洪过程分析，湖口站水位过程线如图 5.2－5 所示。经分析，在设计进洪水位为 21.68m 的圩堤中，净宽为 200m 的圩堤的最长进洪时长为 209.5h，净宽为 100m 的最长进洪时长为 209.5h，如图 5.2－6 所示。

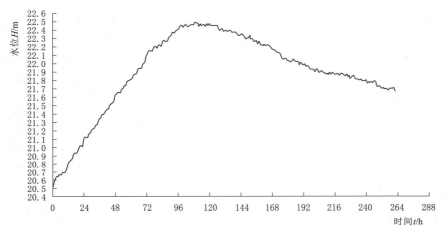

图 5.2－5　湖口站水位过程图
（7 月 8 日 09：00—7 月 19 日 8：00）

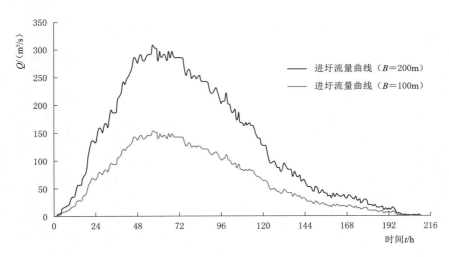

图 5.2－6　进圩流量过程图
（设计进洪承位 21.68m，7 月 10 日 12：00—7 月 19 日 8：00）

　　在设计进洪水位为 20.50m 的圩堤中，净宽为 200m 的圩堤的最长进洪时长为 51.5h，净宽为 100m 的最长进洪时长为 81.5h。

依据单退圩堤的资料，通过水量平衡法概算鄱阳湖单退圩结果见表 5.2 - 6 和表 5.2 - 7。其中，$m=0.502$、$\sigma=1.0$、$\varepsilon=0.95$，B 根据实际情况取值 100m 或 200m，$g=9.8\text{m/s}^2$，设计进洪水位根据实际情况取值 20.50m 或 21.68m。

表 5.2 - 6　2020 年鄱阳湖万亩以上单退堤进洪时长和最大蓄洪率推算

序号	圩堤名称	设计进洪量/万 m^3	计算进洪量/万 m^3	进洪时长/h	蓄洪率/%
1	九龙圩	3667	3667	61.5	100.0
2	青山湖堤	3689	3689	62.0	100.0
3	龙潭圩	3850	3850	63.5	100.0
4	涂纪圩	4033	4033	65.5	100.0
5	角丰圩	4033	4033	65.5	100.0
6	枭阳圩	4033	4033	65.5	100.0
7	西河联圩	4290	4290	67.5	100.0
8	貉皮岭分洪道上垸	4400	4400	132.5	100.0
9	新培圩	4767	4767	72.5	100.0
10	南溪圩	5060	5060	75.5	100.0
11	寺下湖圩	5500	5500	80.0	100.0
12	马咀圩	6050	4844	209.5	80.1
13	跃进圩	6050	6050	81.5	100.0
14	浆潭联圩	6160	6160	87.5	100.0
15	横溪圩	6453	6453	91.0	100.0
16	浆潭圩	6453	6453	91.0	100.0
17	泊洋湖圩	8067	8067	114.5	100.0
18	周溪圩	10193	9687	209.5	95.0
19	皂湖圩	10377	9687	209.5	93.4
20	莲南圩	10450	9687	209.5	92.7
21	潼丰联圩	10633	9687	209.5	91.1
22	水岚洲圩	12100	9687	209.5	80.1
23	莲北圩	16243	9687	209.5	59.6
24	南北港圩	25300	9687	209.5	38.3
25	新妙湖圩	42075	9687	209.5	23.0
	小计	223926	162845		72.7

表 5.2-7　2020 年鄱阳湖万亩以下单退堤进洪时长和最大蓄洪率推算

序号	圩堤名称	设计进洪量/万 m³	计算进洪量/万 m³	进洪时长/h	蓄洪率/%
1	王家圩	15	15	5	100.0
2	大塘圩	18	18	5.5	100.0
3	渚溪圩	18	18	5.5	100.0
4	徐家圩	22	22	6.5	100.0
5	蔡家圩	22	22	6.5	100.0
6	肖家圩	22	22	6.5	100.0
7	高家圩	26	26	7	100.0
8	窑上李圩	29	29	7.5	100.0
9	秀峰圩	40	40	9.5	100.0
10	高家圩	40	40	9.5	100.0
11	松树湾圩	40	40	9.5	100.0
12	麻头圩	51	51	11	100.0
13	横渠口圩	51	51	11	100.0
14	楼下圩	55	55	11.5	100.0
15	杨家圩	55	55	11.5	100.0
16	雷家圩	55	55	11.5	100.0
17	龙船地圩	55	55	11.5	100.0
18	大塘圩	55	55	11.5	100.0
19	港西湾圩	55	55	11.5	100.0
20	马家堰圩	55	55	11.5	100.0
21	观音桥圩	66	66	12.5	100.0
22	珠琳圩	73	73	12.5	100.0
23	查家圩	73	73	12.5	100.0
24	新桥圩	73	73	12.5	100.0
25	下曹兰圩	73	73	12.5	100.0
26	莲蓬湾圩	73	73	12.5	100.0
27	肖家圩	77	77	13	100.0
28	石头山圩	81	81	13.5	100.0
29	北汉圩	88	88	13.5	100.0
30	玉洲圩	88	88	13.5	100.0
31	罗叔吴圩	88	88	13.5	100.0
32	于家湖圩	92	92	14	100.0

序号	圩堤名称	设计进洪量/万 m³	计算进洪量/万 m³	进洪时长/h	蓄洪率/%
33	水礁垅圩	92	92	14	100.0
34	宋家圩	92	92	14	100.0
35	盘湖圩	92	92	14	100.0
36	解放圩	95	95	14.5	100.0
37	曹机圩	99	99	14.5	100.0
38	东头圩	99	99	14.5	100.0
39	嘴上张圩	103	103	14.5	100.0
40	杨武庙圩	106	106	14.5	100.0
41	肖家坂圩	110	110	15	100.0
42	西家湾圩	114	114	15.5	100.0
43	罗眼当圩	128	128	16	100.0
44	常家堰堤	128	128	16	100.0
45	泡沙墩圩	132	132	16.5	100.0
46	刘家当圩	139	139	16.5	100.0
47	翅口圩	147	147	17	100.0
48	面盆圩	147	147	17	100.0
49	刘家边圩	147	147	17	100.0
50	反水圩	165	165	17.5	100.0
51	团湖圩	165	165	17.5	100.0
52	彭家堰圩	165	165	17.5	100.0
53	青旗湾圩	172	172	18.5	100.0
54	大坂圩	176	176	18.5	100.0
55	冷井圩	183	183	18.5	100.0
56	战备圩	183	183	18.5	100.0
57	红旗圩	183	183	18.5	100.0
58	熊家湖圩	183	183	18.5	100.0
59	波湖圩	183	183	18.5	100.0
60	南坂圩	183	183	18.5	100.0
61	献忠圩	183	183	18.5	100.0
62	焦前圩	213	213	20	100.0
63	新建圩	216	216	20	100.0
64	莲东联圩	220	220	20.5	100.0

序号	圩堤名称	设计进洪量/万 m³	计算进洪量/万 m³	进洪时长/h	蓄洪率/%
65	沙港圩	220	220	20.5	100.0
66	饶家圩	220	220	20.5	100.0
67	钱湖圩	220	220	20.5	100.0
68	团结圩	224	224	20.5	100.0
69	华光圩	238	238	21	100.0
70	邹家圩	240	240	21	100.0
71	泥坑圩	242	242	21	100.0
72	恒星圩	246	246	21.5	100.0
73	三门圩	257	257	21.5	100.0
74	大湾圩	293	293	22.5	100.0
75	跃进圩	293	293	22.5	100.0
76	集会洲圩	293	293	22.5	100.0
77	楼湖圩	293	293	22.5	100.0
78	塘背圩	330	330	24	100.0
79	小宁池圩	330	330	24	100.0
80	陈塘圩	330	330	24	100.0
81	余晃圩	330	330	24	100.0
82	团山三堤	334	334	24.5	100.0
83	黄桥圩	346	346	24.5	100.0
84	老虎口圩	367	367	25	100.0
85	王家圩	367	367	25	100.0
86	下张圩	367	367	25	100.0
87	土塘圩	385	385	25.5	100.0
88	西庙圩	403	403	26	100.0
89	里湖联圩	403	403	26	100.0
90	跃进圩	403	403	26	100.0
91	滚子湖圩	407	407	26.5	100.0
92	鸣山圩	440	440	27	100.0
93	芗溪圩	462	462	27.5	100.0
94	开天堤	466	466	27.5	100.0
95	麦湖圩	477	477	28	100.0
96	增垅圩	477	477	28	100.0

续表

序号	圩堤名称	设计进洪量/万 m³	计算进洪量/万 m³	进洪时长/h	蓄洪率/%
97	沈家堰圩	477	477	28	100.0
98	前进圩	513	513	28.5	100.0
99	皖溪圩	513	513	28.5	100.0
100	新光程家园圩	513	513	28.5	100.0
101	左桥圩	513	513	28.5	100.0
102	东湖圩	539	539	29.5	100.0
103	桂洲圩	550	550	29.5	100.0
104	共大圩	550	550	29.5	100.0
105	界坂圩	550	550	29.5	100.0
106	光明圩	550	550	29.5	100.0
107	沙湖圩	550	550	29.5	100.0
108	土目圩	550	550	29.5	100.0
109	郑泗圩	587	587	30.5	100.0
110	渔场圩	587	587	30.5	100.0
111	珠岭圩	587	587	30.5	100.0
112	小桂港圩	587	587	30.5	100.0
113	爱国圩	615	615	31	100.0
114	新兴圩	697	697	32.5	100.0
115	众心圩	733	733	33.5	100.0
116	红林圩	733	733	33.5	100.0
117	小沔池圩	733	733	33.5	100.0
118	泊口圩	733	733	33.5	100.0
119	周岭小湖堤	770	770	34.5	100.0
120	霞光圩	770	770	34.5	100.0
121	珠光圩	807	807	35	100.0
122	跃进圩	880	880	36.5	100.0
123	杭州圩	880	880	36.5	100.0
124	耀华堤	880	880	36.5	100.0
125	越光圩	880	880	36.5	100.0
126	姑塘湖堤	917	917	36.5	100.0
127	樟山圩	990	990	38	100.0
128	南峰圩	990	990	38	100.0

续表

序号	圩堤名称	设计进洪量/万 m³	计算进洪量/万 m³	进洪时长/h	蓄洪率/%
129	平池湖圩	1027	1027	38.5	100.0
130	破絮湖圩	1063	1063	39.5	100.0
131	郭泗圩	1100	1100	39.5	100.0
132	长溪圩	1137	1137	40.5	100.0
133	涂山圩	1210	1210	41.5	100.0
134	新港小湖堤	1210	1210	41.5	100.0
135	杨家堰堤	1210	1210	41.5	100.0
136	汪家堰堤	1210	1210	41.5	100.0
137	蒲汀圩	1320	1320	43	100.0
138	新桥圩	1430	1430	44.5	100.0
139	东风圩	1503	1503	45.5	100.0
140	昌江圩	1650	1650	47	100.0
141	半港圩	1687	1687	47.5	100.0
142	谢家湖圩	1760	1760	48.5	100.0
143	湖西圩	1833	1833	49.5	100.0
144	东湖圩	1833	1833	49.5	100.0
145	荷溪圩	1833	1833	49.5	100.0
146	谷山湖堤	1833	1833	49.5	100.0
147	团子口圩	2017	2017	51.5	100.0
148	狮山圩	2163	2163	52.5	100.0
149	润溪圩	2200	2200	53	100.0
150	老池联圩	2200	2200	53	100.0
151	高溪圩	2787	2787	58.5	100.0
152	芳兰湖堤	2871	2871	59.5	100.0
153	三八联圩	2933	2933	60	100.0
154	陶家圩	3043	3043	45.5	100.0
155	桥南联圩	3117	3117	61.5	100.0
156	尹家湖堤	3117	3117	61.5	100.0
157	青林圩	3153	3153	61.5	100.0
158	大沔池圩	3483	3483	64.5	100.0
159	沙湖山圩	3557	3557	99.5	100.0
160	龙溪坝圩	4033	4033	51.5	100.0
	小计	105417	105417		100.0

经分析，本次单退圩运用进洪时间，万亩以上单退圩最长为 209.5h，最短需要 61.5h，而面积万亩以下的最长需要 81.5h，最短要 5h。25 座万亩以上圩堤有 8 座在整个分洪过程中未蓄满，而 160 座万亩以下圩堤均到达设计蓄洪水位停止蓄洪。万亩以上圩堤整体蓄洪率在 72.7%，万亩以下圩堤整体蓄洪率为 100%，经分析进洪量为 28.9 亿 m^3。

5.3　圩堤风险评估

鄱阳湖圩堤工程类型多、堤线长、分布广，运行条件差异大，堤身堤基隐患分布随机性强，由于保护区人口、经济和面积相关较大，对不同风险的容忍程度和经济损失承受能力也有较大差异。有必要建立一套圩堤安全风险评价指标体系，实时评估各圩堤的安全现状，有利于合理配置抢险资源，做好防御预案。

采用层次分析法，将圩堤工程系统按照漫顶、渗透失稳、滑动失稳、护坡破坏这 4 种典型的失效形态分为相应的 4 个防护分类，各个防护分类又由圩堤各个结构组成部分构成，由此建立圩堤工程状态评价指标体系，该体系是一个多目标多层次的指标体系。将圩堤工程视为一个防护系统，该系统最直观的指标包括洪水危险性、承灾体、圩堤质量和管理措施四大类。因此，圩堤工程风险评价指标体系，分为目标层、准则层和指标层共 3 层（图 5.3-1），具体如下。

第一层目标层：为圩堤安全风险评估系统 R。

第二层准则层：为洪水危险性 B1（即可能遭受的灾害和程度）、承灾体（可能受灾对象）B2、圩堤质量 B3（圩堤自身特性）和管理措施 B4。

第三层指标层：洪水危险性 B1：地理位置、洪水荷载、河道特性、防洪标准。承灾体 B2：影响范围、影响人口、经济风险。圩堤质量 B3：堤身材质、堤基特征、圩堤等级、历史险情、加固形式、交叉建筑物、圩堤隐患。管理措施 B4：建设改造时间、防渗处理方式、防渗材料、护坡情况、应急能力。

收集历史溃堤案例可知，大多数的圩堤失事源于漫顶、渗流破坏和滑坡，其中漫顶失事占 62.6%，管涌失事占 32.58%，滑坡失事占 4.82%。根据各失效模式的发生概率，构造目标层圩堤工程状态对于准则层 4 种圩堤典型失效形态的判断矩阵，按层次分析法原理采用专家打分构建判断矩阵，得到基础指标相对总目标圩堤工程状态的权值计算结果（见表 5.3-1）。建立各基础指标赋值标准，以指标 C1（堤顶高程）为例（见表 5.3-2）。结合鄱阳湖圩堤管理现状和工作实践，可将圩堤风险等级划分为 3 级，即低风险、中风险和高风险，按不同的风险等级采取建议的措施（见表 5.3-3）。

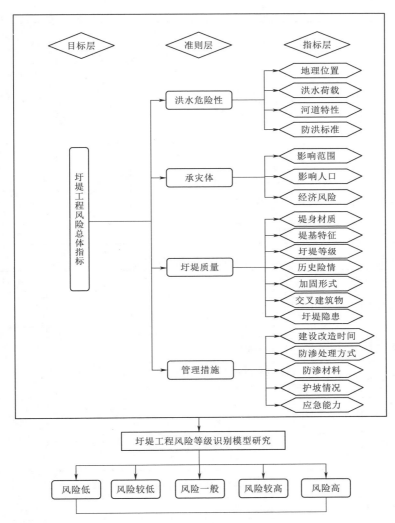

图 5.3-1　圩堤工程安全风险评价指标体系构建

表 5.3-1　　　　　各基础指标相对总目标的权值计算结果

C	B1	B2	B3	B4	总权值 W
	0.574	0.291	0.090	0.044	
C1	0.633				0.363
C2	0.260				0.149
C3	0.106				0.061
C4		0.062	0.031		0.021

续表

C	B1 0.574	B2 0.291	B3 0.090	B4 0.044	总权值 W
C5		0.096	0.056		0.033
C6		0.203	0.115		0.069
C7		0.427	0.240		0.146
C8		0.171	0.103		0.059
C9		0.041	0.455		0.053
C10				0.501	0.022
C11				0.159	0.007
C12				0.263	0.012
C13				0.077	0.003

表 5.3 - 2　　　　　　　　　　　堤顶高程 C1 赋值标准

定性描述	评分依据	评分区间
堤顶高程满足要求	堤顶高程满足规范要求甚至有相当的富余；实测资料证实堤顶最低处高程满足设计高程要求	80～100
堤顶高程基本满足要求	堤顶高程基本满足规范要求；实测资料证实堤顶的最低处高程基本满足设计高程要求	60～80
堤顶高程稍不满足要求	堤顶高程尚满足规范要求；实测资料证实堤顶最低处高程稍低于设计高程要求	40～60
堤顶高程不满足要求	堤顶高程不满足规范要求；实测资料证实堤顶最低处高程不满足设计高程要求	20～40
堤顶高程完全不满足要求	堤顶高程完全不满足规范要求；实测资料证实堤顶最低处高程完全不满足设计高程要求	0～20

表 5.3 - 3　　　　　　　　　　　圩堤风险等级划分标准

分级	状态指标	状态等级及描述方式	建议措施
1	85～100	优：无明显缺陷；满足规范要求	不必立即采取措施， 加强观测
	70～84	良好：仅有轻度损坏或缺陷，满足规范要求	
2	55～69	完整：有一些损坏或缺陷，但功能完好	做风险分析以确定保证 安全的适当措施
	40～54	临界状态：中度损坏；功能仍满足要求	
3	25～39	差：结构部分严重损坏；功能不满足	作详细评估以确定处置、 恢复或重建安排； 应该进行安全评估
	10～24	极差：广泛性损坏；几乎无功能	
	0～9	失效：丧失功能；主要结构完全失效	

上述 B3 圩堤质量的圩堤隐患指标，可进一步按照漫顶破坏、失稳破坏、渗透变形破坏和护面冲刷破坏 4 种典型失效形态分类评价。

（1）漫顶破坏模式及影响因素。圩堤工程的漫顶（或漫溢）破坏失事，是由于圩堤高度（高程）未达到设防标准（即设防标准偏低或高程由于沉陷降低）、圩堤冲防浪设施破坏或河道出现超标准洪水引起的。就圩堤本身状态而言，其出现漫顶破坏的原因主要是堤顶高程不达标、圩堤沉降和堤顶防冲防浪设施不达标引起。

（2）失稳破坏模式及影响因素。圩堤工程的失稳破坏（包括滑动、局部与整体的塌陷），既反映了堤身的材料（包括上游面的防渗体或下游侧的排水减压材料）的质量和设置方法存在问题，也可能是堤基的处理效果和方法等存在问题。失稳滑坡产生的机理是多种因素共同作用的结果。岸坡结构是滑坡破坏的内部因素，结构松散有软弱夹层，或者松散堆积斜坡的土石界面在饱水时出现泥化等情况均会导致岸坡滑动。影响圩堤工程岸坡稳定的主要内部因素为岸坡条件，包括土体的组成、土体的物理力学性质、渗透特性等因素；高水位作用和降雨影响是岸坡稳定的主要外部因素。此外，堤线的布置、圩堤断面的形式、圩堤存在的堤身裂缝、生物洞穴和人为空洞等隐患都对圩堤的岸坡稳定有一定的影响。

（3）渗透变形破坏模式及影响因素。圩堤工程的渗透变形破坏反映了包括堤身和堤基的渗透水压力的控制（及渗漏的反滤设置等在内的）存在问题。渗透变形失效问题还隐含了圩堤的堤身构造设计合理性（包括结构尺寸、坡度、各种材料的分区设计等）、施工质量（压实质量和接触面的处理质量，尤其是穿堤建筑物与堤身结合部等）、堤基的处理和渗透变形的控制措施、堤身与堤基的防渗系统失效、穴居动物的侵害等。

（4）护面冲刷破坏模式及影响因素。圩堤工程的护面冲刷破坏模式，包括圩堤临水面及背水面（上游和下游边坡）的冲刷。这种病险的表现形式明显，例如，坡面出现侵蚀痕迹或侵蚀（冲刷）沟、表面防护材料被冲刷而损失或移动。分析形成圩堤的表面冲刷病险的原因，包括坡面设计过陡而失稳，施工质量差被风浪冲刷而损坏，堤身不均匀沉降，严寒地区的冻胀和冰压力作用，震害和人畜破坏等。另外，黏土填筑的圩堤背水面如果存在草皮时，穴居动物可能造成护坡的损伤。

根据上述分析结果，结合鄱阳湖圩堤管理现状和工作实践，可将圩堤风险等级划分为5级，即风险低、风险较低、风险一般、风险较高、风险高。运用层次分析法确定指标权重，确定各项指标的等级和标准，利用可靠性分析方法、模糊综合评价方法、灰色系统评价方法等方法建立圩堤风险等级识别模型，以圩堤工程状态评价为目的，以4个典型圩堤失效形态为准则，圩堤各个结构组成部分为防止圩堤失效的措施，确定圩堤安全风险等级。

5.4　险情会诊与分级处置

在防汛抢险过程中，基层防汛巡堤人员多为分片负责的行政人员或村镇群众，专业人员极少，而单个险情的研判与应急处置对现场人员专业要求比较高，高水位下险情发展往往非常快，需要快速确定最佳应急抢险方案。同时，为了合理配置抢险资源，有效分配抢险人员、物资，做好应急预案，需要对区内各圩堤安全状况进行风险评估，科学决策，达到有限资源的抢险效果最优化。

自 2020 年 6 月底以后，鄱阳湖水位上涨迅猛，江西面临着自 1998 年以来最为严峻的防汛形势，省水利厅先后派出 200 多名水利专家，奔赴鄱阳湖一线支援抗洪救灾工作。然而传统防汛方式存在一些不足之处：①传统的巡堤查险主要是靠人力，对防汛现场不方便到达的危险区域无法及时排查险情；②传统方式防汛后方指挥部与现场防汛专家沟通不畅，险情上报、处理情况等信息无法及时同步。后方指挥部不能及时高效的掌握实时险情导致人员、物资调度，决策、制订方案受阻；③传统防汛工作中专家任务繁重。不仅要巡堤查险，处理现场险情，还要在休息时间写文档上报每日防汛工作内容。

针对上述问题，项目组充分利用自身"水利专业化＋信息化"的技术优势，汛期紧急推出了圩堤险情专家会诊与安全风险评估系统。

5.4.1　巡堤查险与专家会诊

5.4.1.1　系统需求分析

在移动互联网、大数据、云计算、物联网等新理论新技术以及经济社会发展强烈需求的共同驱动下，"数字地球"向"智慧地球"转型。国家对智慧城市建设高度重视，国务院八部委出台《关于促进智慧城市健康发展的指导意见》，智慧水利作为智慧城市基础保障部分，其推进建设具有重要的意义。2018 年 1 月，水利部在全国水利厅局长会议上强调"要全面加快智慧水利建设，大力推进水利科技创新，推动互联网、大数据、云计算、卫星遥感、人工智能等高新技术与水利业务深度融合，加强水利科技基础研究和高新技术研发，破解影响我国水安全的科技难题，加快科技创新成果转化应用。"

智慧水利是落实水利十大业务需求、补短板强监管的重要抓手，是智慧社会的重要组成部分，是新时代水利信息化发展的更高阶段、新的形态，是水利业务流程优化再造的驱动引擎、水利工作模式创新的技术支撑，也是水利现代化的前提条件、推动水治理能力现代化建设的客观要求。

1. 业务需求

防汛专家使用 App 系统进行巡堤查险，对险情现场坐标进行采集，以图片、视频或语音的方式对险情进行描述，将圩堤险情点和处理情况及时收集并发送给防汛抗旱指挥部。这些数据会即时反映在一张图上，方便指挥部在后台综合研判险情。对现场不方便到达的危险区域，防汛专家可使用无人机巡堤查险并通过移动 App 系统将数据、视频实时传输到防汛抗旱指挥部。防汛抗旱指挥部也可利用系统中视频连线的功能直接与防汛一线的专家进行视频连线，高效处理险情。在完成了日常巡堤查险任务后，防汛专家们可通过后台管理系统"一键式"导出工作报告，既提高了专家的工作效率，也降低了工作强度，最终确保防汛工作高标准、高质量、高效率。

2. 系统性能需求

（1）易用性。智慧水利防汛会诊系统需要针对圩堤工程设计、安全管理和运行管理的各方面，同时结合各种安全监测数据，运用各种专业的计算模型和方法。这一过程需要的数据和资料繁多，原理复杂，因此系统设计必须贴近实际应用流程，简单明了，注重系统的易用性、友好性，方便用户使用。

（2）可扩展性。系统的设计是以当前的一定阶段的需求为目标，以现有的模型方法为依据，为了更好地适应今后需求的调整和信息系统的发展，必须要考虑到系统的扩展性问题，要达到增加新功能模块时不会对原有系统架构和功能模块造成太大的影响，同时又能够根据实际需求的变化对系统的功能进行扩展。

（3）健壮性。系统应该能够处理各种误操作、异常数据输入等各类突发、非常规事件，确保系统个别模块或功能出现问题时不会影响其他功能，具有较强的健壮性、稳定性。

（4）共享性。系统运行需要获取各种外部交换数据，同时也需要向外部提供各种信息，因此系统应具有高度的信息共享能力，能够转换和使用各种异构数据资源。

（5）安全性。系统必须建立完备的安全机制，保证操作用户身份的合法性，杜绝越权操作情况的出现。同时加强应对网络病毒攻击能力，提高系统的安全性，使其能够应对大多数的病毒和网络攻击。

3. 系统功能需求

智慧水利防汛会诊系统应具有的基本功能模块包括综合首页、基础信息、一张图、评价体系、模型方法管理、安全评估、成果管理、知识库、防汛会诊等。

5.4.1.2　总体框架

根据智慧水利防汛会诊系统实际需求，深入挖掘系统建设需要，系统梳理系统输入输出及边界条件，确定系统总体框架如图 5.4-1 所示。

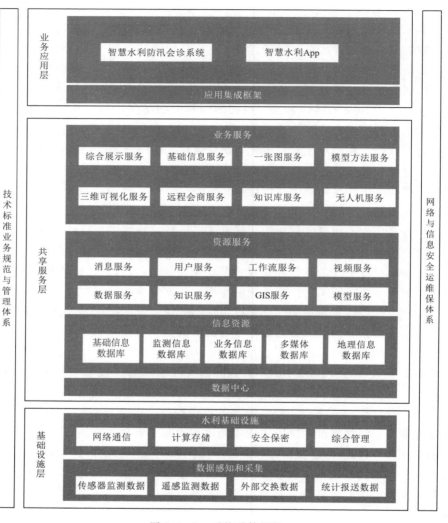

图 5.4-1 系统总体框架

5.4.1.3 系统开发

1. 面向服务的体系结构

采用微服务架构进行设计和建设,保证系统在集成和部署时更加便捷。

微服务架构是一项在云中部署应用和服务的新技术。微服务可以在"自己的程序"中运行,并通过"轻量级设备与 HTTP 型 API 进行沟通"。关键在于该服务可以在自己的程序中运行。通过这一点可以将服务公开与微服务架构(在现有系统中分布一个 API)区分开来。在服务公开中,许多服务都可以被内部独立进程所限制。如果其中任何一个服务需要增加某种功能,那么就必须缩小进程范围。在微服务架构中，只需要在特定的某种服务中增加所需功能，而不影响整体进程。

2. 面向对象的设计思想

借鉴面向对象的设计思想，面向对象的方法为软件开发提供了一种新的模型。在这种新模型中，对象和类是构建块，而方法、消息和继承为基本机制。建立一个软件的传统方法，是定义一组操作至数据的过程。面向对象的方法则将程序设计的重点从过程转向类和对象。一个对象是一个自组模块，它包含数据和作用于数据的操作（方法）。对象可以自行执行，也可以被来自其他对象的消息激活。类是对具有同一用途的对象的抽象描述，程序设计人员可以建立新的类，并且新类可以从已建立的类中继承数据和操作，以使能够重用已存在的类。面向对象的方法为程序员提供了一种较为自然的软件设计方法。若有全面的面向对象的实现，则最终用户可以修改或设计其自己的应用程序，程序员能够设计更为复杂的应用程序。面向对象的方法已得到迅猛发展，它将改善程序员的软件生产活动、缩短软件产品的生产周期、控制软件维护的复杂性和费用，并能大大提高软件的可重用性、可扩充性和可靠性。

3. 云计算和虚拟化技术

通过运用云计算技术和虚拟化技术，实现管理和业务集中，对数据中心资源进行动态调整与分配，可以满足用户关键应用向 X86 系统迁移时对于资源高性能、高可靠、安全性和高可适应性的要求，提高基础架构自动化管理水平，满足基础设施快速适应业务敏捷诉求，进一步减少投入，适用于本平台业务应用种类多、计算时效性要求高的现状，以及不断扩展的业务应用和不断增加的计算需求。

云计算技术是新一代 IT 模式，它能在后端庞大的云计算中心的支撑下为用户提供更方便的体验和更低廉的成本。

云架构共分为服务和管理两大部分。

（1）在服务方面，主要以提供用户基于云的各种服务为主，共包含 3 个层次：一是 Software as a Service 软件即服务，简称 SaaS，这层的作用是将应用主要以基于 Web 的方式提供给客户；二是 Platform as a Service 平台即服务，简称 PaaS，这层的作用是将一个应用的开发和部署平台作为服务提供给用户；三是 Infrastructure as a Service 基础架构即服务，简称 IaaS，这层的作用是将各种底层的计算（比如虚拟机）和存储等资源作为服务提供给用户。从用户角度而言，三层服务之间的关系是独立的，因为它们提供的服务是完全不同的，而且面对的用户也不尽相同。但从技术角度而言，云服务这三层之间的关系并不是独立的，而是有一定依赖关系的，例如，一个 SaaS 层的产品和服务不仅需要使用到 SaaS 层本身的技术，而且还依赖 PaaS 层所提供的开发和部署平台或者直接部署于 IaaS 层所提供的计算资源上。另外，PaaS 层的产品和服务也很有可能构建于 IaaS 层服务之上。

（2）在管理方面，主要以云的管理层为主，它的功能是确保整个云计算中心能够安全和稳定的运行，并且能够被有效地管理。

4. 多种层次的技术设计

为了保证系统满足统计分析决策、信息共享交换等不同层次工作人员和领导的应用性能要求，将从以下几个方面进行设计，保证系统运行性能满足应用要求。操作系统、数据库系统、应用服务器系统、消息中间件等各类应用中间件层面进行系统级的性能优化工作，如应用集群、数据库集群等。对数据库的部署、数据分布、数据汇总机制进行合理设计，充分考虑数据库运行性能，同时依据业务应用的特点，采用数据库分区技术、数据库索引技术、数据库访问语句优化技术等数据库优化技术，做好数据库应用级别的性能优化工作；对应用程序进行合理设计，充分考虑应用程序的运行性能，同时对应用程序的代码和业务处理逻辑算法进行优化。

5. html5 标准

html5 是构建 Web 内容的一种语言描述方式。html5 是互联网的下一代标准，是构建以及呈现互联网内容的一种语言方式，被认为是互联网的核心技术之一。html5 将 Web 带入一个成熟的应用平台，在这个平台上，视频、音频、图像、动画以及与设备的交互都进行了规范。

html5 的 canvas 元素可以实现画布功能，该元素通过自带的 API 结合使用 JavaScript 脚本语言在网页上绘制图形和处理，拥有实现绘制线条、弧线以及矩形，用样式和颜色填充区域，书写样式化文本，以及添加图像的方法，且使用 JavaScript 可以控制其每一个像素。html5 的 canvas 元素使得浏览器无须 Flash 或 Silverlight 等插件就能直接显示图形或动画图像。

html5 最大特色之一就是支持音频视频，在通过增加了＜audio＞、＜video＞两个标签来实现对多媒体中的音频、视频使用的支持，只要在 Web 网页中嵌入这两个标签，而无须第三方插件（如 Flash）就可以实现音视频的播放功能。html5 对音频、视频文件的支持使得浏览器摆脱了对插件的依赖，加快了页面的加载速度，扩展了互联网多媒体技术的发展空间。

html5 利用 Web Worker 将 Web 应用程序从原来的单线程业界中解放出来，通过创建一个 Web Worker 对象就可以实现多线程操作。JavaScript 创建的 Web 程序处理事务都是在单线程中执行，响应时间较长，而当 JavaScript 过于复杂时，还有可能出现死锁的局面。html5 新增加了一个 Web Worker-API，用户可以创建多个在后台的线程，将耗费较长时间的处理交给后台面不影响用户界面和响应速度，这些处理不会因用户交互而运行中断。使用后台线程不能访问页面和窗口对象，但后台线程可以和帧面之间进行数据交互。

6. Web Service 技术

Web Service 是一个平台独立的，低耦合的，自包含的、基于可编程的 web 的应用程序，可使用开放的 XML（标准通用标记语言下的一个子集）标准来描述、发布、发现、协调和配置这些应用程序，用于开发分布式的交互操作的应用程序。Web Service 技术，能使得运行在不同机器上的不同应用无须借助附加的、专门的第三方软件或硬件，就可相互交换数据或集成。依据 Web Service 规范实施的应用之间，无论它们所使用的语言、平台或内部协议是什么，都可以相互交换数据。Web Service 是自描述、自包含的可用网络模块，可以执行具体的业务功能。Web Service 也很容易部署，因为它们基于一些常规的产业标准以及已有的一些技术，诸如标准通用标记语言下的子集 XML、HTTP。Web Service 减少了应用接口的花费。Web Service 为整个企业甚至多个组织之间的业务流程的集成提供了一个通用机制。

7. 基于地理信息服务的技术架构

地理信息服务平台是一个由硬件、软件和数据库共同构成的综合性信息系统平台，它以专网为依托，采用分布式与集中式相结合的数据库，提供空间数据和属性数据的存储与共享，为政务部门专业地理信息应用系统的建设与开发提供基础支撑。

从数据生产到应用整个流程来看，地理空间信息可以将其技术体系划分为信息获取、处理、管理、分发、传输、表现以及与其他系统集成应用等阶段。构建地理信息服务网络化平台框架，必须考虑到整个流程。地理信息服务网络化平台可划分为地理空间数据生成与管理（数据层）、地理空间数据交换（服务层）以及地理信息应用集成（应用层）3 个部分组成。数据层、服务层和应用层通过网络有机地连接在一起，形成一个完整的地理信息服务网络化共享平台。

8. 基于 GIS＋BIM＋倾斜摄影的三维圩堤仿真技术

结合工程计算、计算机图形学、图像处理、人机界面等多学科的知识，对重点圩堤数据建模，建筑物建模思路进行分析，并针对重点圩堤建筑物采用三维 GIS＋BIM＋倾斜摄影技术进行有机的结合，在 GIS 地图上全方位、多角度还原水利工程信息。结合水文监测、历史水文数据、工情监测数据，实现可视化工程运行状态管理和洪水预报调度。

5.4.1.4　系统功能实现

鄱阳湖圩堤汛期启动响应后，各地采用 24h 不间断分组巡堤查险方式，确保险情第一时间发现、第一时间处置。随着移动互联网、大数据和无人机等新技术的快速普及，可研发巡堤查险与专家会诊系统，供巡堤人员对险情现场坐标进行采集，以图片、视频或语音的方式对险情进行描述，将圩堤险情点和处理情况利用移动 App 系统及时收集并发送给防汛抢险指挥部，并实时反映在系统"一张图"上，方便指挥部组织专家在后台综合研判险情。对现场不方便到达的危险区域，可使用无人机巡堤查险并通过移动 App 系统实时传输数据、视频。指挥部也可利用系统中视频连线的功能直接与防汛一线的专家进行视频连线，实时处理险情。在完成了日常巡堤查险任务后，巡堤人员可通过后台管理系统"一键式"导出工作报告。

1. 综合首页

该模块主要实现圩堤安全评估各种相关数据和信息的全面直观展示，包括圩堤监测监控数据、建设及运行管理档案、运行管理信息、知识库信息、评估体系、模型方法信息等。

2. 基础信息

该模块主要实现对圩堤工程信息、监测监控信息等各类信息的集中管理。

（1）巡堤查险"一张图"。在 GIS 平台的基础上，为满足在圩堤安全综合评估过程中的 GIS 应用需求，平台提供统一的"一张图"展示服务，实现空间数据可视化、基础数据的可视化表现。通过"一张图"集成圩堤基础信息、监测信息、业务信息三类图层，直观地反映圩堤地理情况、监测点位置分布、监测信息实际情况、业务信息分布统计和处理情况等信息。

（2）防汛知识库。该模块实现对圩堤安全评估和防汛抢险相关知识库分类目录进行展示、增加、编辑与删除，包括防汛抢险手册、解决方案、经验分享、管理手册、工程规范、仪器使用手册、维护成功标准、案例资料等分类。用户点击目录管理，系统展示分类目录列表，用户点击某一目录，可对目录进行查看、增加、修改与删除等操作。

（3）防汛会商。防汛会商主要用于汛期防汛人员使用，将防汛现场情况的各种情况及数据实时传输到系统，其他防汛人员及专家可积极参与讨论处置，实现远程会商。

（4）巡堤实时播报。该模块主要实现巡堤查险轨迹、险情位置、现场图像、语音、视屏实时上报展示，指挥中心地图自动定位、语音实时播报，可以实时视频连线现场人员，实现远程在线会诊。

（5）险情统计。该模块将上传的各种渗水、管涌、滑坡、崩岸等险情分类统计，以图表的形式直观地进行展示，方便防汛人员和专家及时掌握整体防汛态势；同时可一键生成专家报告。

（6）防汛人员与物资分布。该模块将现场防汛人员和防汛物资在一张图上集中展示和管理，方便掌握现场防汛人员及物资配备情况，以便于宏观调控。

（7）实时水位监测预警。该模块将圩堤各水位监测站点数据进行集中展示，方便掌握整体水情变化情况，实现及时预警。

（8）灾后重建。该模块将汛期灾后重建工作进行可视化展示，采用无人机航拍高清影像，为灾后重建提供可视化平台支持，以便于监管部门有利监督灾后重建工作进展。

（9）无人机智能巡查。以无人机作为载体，搭载高清摄像头和 GPS，实现远程航线规划，现场视频及飞行轨迹实时回传查看，实现远程指挥，为防汛提供技术支持。

（10）防汛管理。实现专家分派管理、专家报告管理（专家报告一键生成）、抢险队伍管理、险情补报、险情统计（支持一键导出）、圩堤险情等相关功能。

（11）巡堤查险移动 App。实现防汛专家（巡查轨迹自动上报、桩号自动识别、险情语音、图像、视频、文字实时上报等）、随手拍（巡堤过程图片、视频在线记录）、签到（现场签到、打卡）、无人机（自动识别无人机、无人机操控、视频、轨迹实时回传，录像查看等）、专家会诊（专家视频连线、远程在线图像、视频、文字、语音会诊）、险情补录，工程档案（圩堤资料在线查看）、险情统计汇总、"一张图"（险情信息实时播报、桩号、水位实时查询）、知识库（巡堤查险知识在线学习）等功能。

5.4.2 险情分级处置

在鄱阳湖圩堤现状、堤身和堤基结构特点、管理模式、抵御洪水特点和历年防汛抢险经验的基础上，结合圩堤险情孕育机制和圩堤安全评价等研究成果，归纳总结成基层防汛人员普遍接受、操作性强的圩堤险情研判与应急抢险技术，内容涵盖各类险情的识别、分级和抢护方法。

5.4.2.1 管涌（流土）

1. 险情说明

高水位渗压下，堤基土体中细颗粒沿粗颗粒间空隙被水流带出堤基外的现象称为管涌。当其出口处于砂性土时，表象为翻砂鼓水、周围多形成隆起的砂环；当其出口处于黏性土时，表象为土体局部表面隆起、浮动或大块土体移动流失，此时也称为流土，如图 5.4-2 所示。管涌是圩堤工程中最常见的一种险情，在鄱阳湖区被广泛称为"泡泉"。

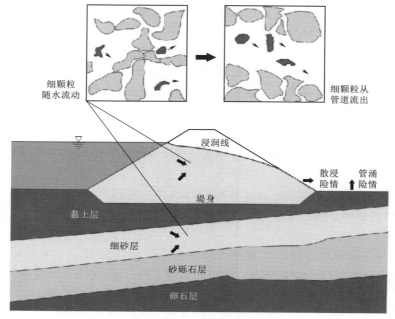

图 5.4 - 2　管涌险情

2. 险情严重程度判别

险情严重程度判别需要根据险情的类别、特征、所处位置和发展情况等综合确定，本书以管涌险情为例进行简单介绍，其他险情严重程度判断标准的确定不再赘述。

管涌险情严重程度和涌口距堤脚距离、涌口直径、涌水柱高、涌水挟沙量以及外水位情况等因素密切相关。根据上述管涌孕育机理和物理模型试验成果，考虑到鄱阳湖圩堤高度一般在 5～10m 之间，可以建立涌口距堤脚距离与险情严重程度的关系；通过双层堤基管涌模型试验中实测的涌口破坏半径以及鄱阳湖圩堤历年管涌险情的特性参数和抢险实践经验，可以建立涌口直径、涌水柱高、涌水挟沙量和外水位与险情严重程度的关系。管涌险情严重程度判别可参照表 5.4 - 1。

表 5.4 - 1　　　　　　　　　管涌险情严重程度参考表

险情严重程度	涌口距堤脚 /m	涌口直径 /cm	涌水柱高 /cm	涌水挟沙量 /(kg/L)	外水位情况
一般险情	>100	<5	<2	<0.1（很少）	低于警戒水位
较大险情	50～100	5～30	2～10	0.1～0.2（较多）	超警戒水位（<1m）
重大险情	<50	>30	>10	>0.2（很多）	超警戒水位（≥1m）

3. 抢险合理方法的确定

管涌险情是鄱阳湖圩堤最常见、发生频率最高的险情，根据管涌险情孕育机制及鄱阳湖圩堤典型的堤基二元土体结构特性，一旦发现管涌险情，应根据险情的严重程度，采用以下方法进行应急处置。

（1）反滤压浸。当管涌口到背水堤脚的距离在（10～19）H（50～100m）之间时且管涌出流量不大、水流浑浊度不高、管涌险情不严重时，为节省人力物力，可直接采用砂卵石压浸的方法进行应急处置，处置后定期观察险情的变化再采取适当的措施即可。反滤压浸示意图及效果图如图5.4-3和图5.4-4所示。

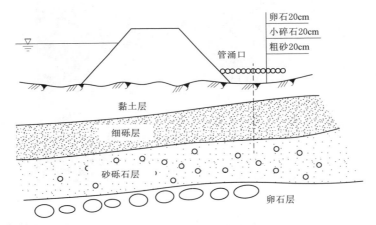

图 5.4-3 反滤压浸示意图

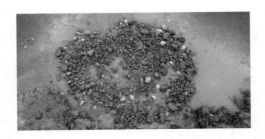

图 5.4-4 反滤压浸抢险效果图

（2）反滤围井。当管涌口到背水堤脚的距离在 $10H$（小于50m）以内且管涌出流量较大，水流涌沙较多，管涌险情严重时，应筑反滤围井，且在井内按级配要求填筑反滤料，直到渗水畅流，无砂粒带出为止。反滤料填好后，仍需注意防守，如发现填料下沉，应继续补充填筑，直到稳定为止。反滤围井示意图及抢险效果图如图5.4-5和图5.4-6所示。

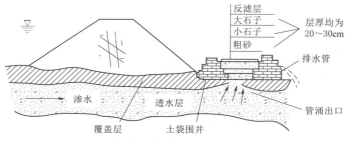

图 5.4-5 反滤围井示意图

图 5.4-6 反滤围井抢险效果图

（3）蓄水反压。当管涌在不大的范围内成群出现，且附近有渠道、田埂，或具有周边地势较高的有利条件时，可采用蓄水反压的方法减小堤内外水头差，遏制管涌险情的发展。蓄水反压做好后，仍需注意观察，如发现险情有变，应及时处置，直到险情稳定为止。蓄水反压抢险效果图如图 5.4-7 所示。

图 5.4-7 蓄水反压抢险效果图

——管涌整治口诀

发生管涌切莫慌，压浸围井皆良方；

若是管涌在渠塘，蓄水反压来帮忙。

5.4.2.2 接触冲刷

1. 险情说明

由模型试验揭示的接触冲刷孕育机制可知，接触冲刷破坏主要由以下4类模式或其组合导致。

（1）土颗粒流失进入无压涵管导致土体发生内部侵蚀。涵管某段存在孔洞、裂缝或接缝张开，土体渗流压力大于涵管内水压力，而且周围土体抵抗内部侵蚀的能力弱，在渗流水作用下土颗粒流入涵管，随着时间推移，土颗粒侵蚀量和范围逐渐扩大，导致圩堤出现塌坑，险情逐渐加重，可能导致圩堤溃决。某些情况下土体内本身也存在水力劈裂和向涵管薄弱环节汇集的集中渗流通道，多种土均会在集中渗流作用下发生侵蚀破坏，例如，非塑性粉土、宽级配粉质粗粒土、分散性黏土等，都可能发生快速侵蚀。

（2）压力涵管内水外溢导致内部侵蚀。在涵管内水压力大于外围渗水压力且涵管存在孔洞或裂缝等缺陷情况下，涵管内水将穿过孔洞或裂缝流入土体并作为荷载作用土体上。例如，管道断裂或接缝张开，这种作用更加严重。对于无压涵管，如在运用中发生堵塞问题，同样会出现上述问题。在这种水荷载作用下，渗水将在下游坡面出逸，如出逸点无反滤保护措施，可能引起土颗粒流失，形成后向侵蚀管涌，沿管壁逐渐向上游延伸到涵管缺陷位置。如果土体抗侵蚀能力比较强、涵管缺陷不严重或水头比较小，可能不会很快出现后向侵蚀管涌问题。但如果涵管周围土体内有裂缝或集中渗流、涵管内水压力比较大，则可能引起内部侵蚀，并形成侵蚀通道。上述侵蚀问题如果一直存在并不断发展，涵管周边土体逐渐流失，涵管因无基础支撑而折断，外水通过涵管无控制泄流，圩堤下游坡坍塌失稳，将最终导致圩堤溃决。

（3）沿涵管周围土体产生内部侵蚀。在涵管与土体结合面渗流荷载作用下，如土体抗侵蚀性弱，可能产生侵蚀。即使土体抗侵蚀性比较强，但如果压实不良等，也可能引发集中渗流和水力劈裂，发生内部侵蚀。例如，涵管外壁因模板施工原因凹凸不平，结合部土体很难压实，从而成为防渗薄弱环节或安全隐患。有截渗环的涵管与土体结合部、圆形涵管底部两侧区域，一般很难压实，沿管壁发生内部侵蚀的可能性非常大。

（4）涵管附近土体沉陷导致内部侵蚀。受多种因素影响涵管附近区域土体发生非均匀沉降，产生裂缝和水力劈裂，通过这些裂缝可能发生集中渗流和边壁侵蚀。此类破坏模式与内部侵蚀模式基本相似，但发生内部侵蚀的位置不在涵管与土体的结合面，距离结合面要远一些。此类破坏模式一旦发生，发展会很快，形成上下游贯通通道，导致圩堤溃决。

2．险情严重程度判别

穿堤建筑物接触冲刷险情严重程度见表 5.4-2。

表 5.4-2　　　　　穿堤建筑物接触冲刷险情严重程度参考表

险情严重程度	险情特性
一般险情	建筑物下游有少量清水渗漏
较大险情	建筑物下游渗漏量较大，偶尔有浑水渗漏
重大险情	建筑物下游出现浑水漏洞，建筑物或两旁土体发生沉陷

3．抢险合理方法的确定

由接触冲刷险情孕育机制及归纳总结的接触冲刷破坏模式可知，引起接触冲刷险情的外因是水头差，内因是穿堤建筑物与堤身结合部的结构性能。因此，在汛期巡查过程中应特别关注穿堤建筑物与堤身结合部是否有异常现象。鉴于接触冲刷险情一旦发生将对圩堤的安全产生重大影响，必须对其加强巡查力度，尽可能及早发现险情，及早进行处置。一旦发现接触冲刷险情，应根据险情的严重程度，采用以下方法进行应急处置。

（1）上游截渗、下游导渗。

1）当接触冲刷险情发现及时，险情孕育尚处于早期阶段，穿堤建筑物与堤身结合部整体结构稳定时，可尝试由潜水员下水找到渗漏进口，并用棉絮等柔性材料对渗漏进口进行封堵；也可以直接在建筑物进口处抛填大量黏土进行封堵。

2）在上游进行渗漏进口封堵的同时，为保护堤身土料不被渗透水流大量带出，必须在下游冒水区进行反滤导渗，可参照管涌险情堆筑反滤围井的方法，清除地面杂物并挖除软泥，用土袋分层错缝围成井状，井内按级配分层铺设反滤料，并在适当高度设排水管排水。

3）完成险情应急处置后，仍需专人防守，如发现险情有变化应继续抢护，直至险情稳定。

（2）前堵后排＋蓄水（压重）。

1）当接触冲刷险情发现较晚，险情已较为严重，穿堤建筑物与堤身结合部已出现掏空、沉陷等结构破坏时，应立即在建筑物进口处抛填大量黏土或抢筑围堰进行封堵。

2）在上游进行封堵的同时，下游除了进行反滤导渗外，还应根据建筑物特性和地形条件，在下游出险范围外用土或土袋抢筑月堤，积蓄漏水，抬高水位反压；若地形条件不利于蓄水反压，可以在建筑物下游或堤脚直接填筑砂石土袋进行反压，阻止穿堤建筑物的整体滑动。

3）完成险情应急处置后，仍需专人防守，如发现险情有变化应继续抢护，直至险情稳定。

接触冲刷整治口诀

发现冲刷早行动，贻误战机难防控；

上游截渗是关键，下游反滤加压重。

5.4.2.3　散浸（渗水）

1. 险情说明

外水位上涨后，堤身浸润线升高，渗水从堤内坡或内坡脚附近逸出的现象称为散浸，俗称"堤出汗"。其表象为土壤潮湿或发软并有水渗出。

如渗水点低，量少且清，无发展趋势，预报水位不上涨时，可暂不抢险，但须专人密切观测。如渗水严重或已出现浑水，预报水位上涨，则须立即抢护。

2. 险情严重程度判别

散浸险情严重程度见表 5.4-3。

表 5.4-3　　　　　　　　　散浸险情严重程度参考表

险情严重程度	100m 堤段散浸面积/m^2	散浸水况	土质松软程度	外水位情况
一般险情	＜20	少量汗珠（＜50%）	松软程度不明显	低于警戒水位
较大险情	20~100	大面积汗珠（＞50%）	较大面积松软（＞50%）	超警戒水位（＜1m）
重大险情	＞100	散浸水汇聚流动	松软呈淤泥化	超警戒水位（≥1m）

3. 抢险合理方法的确定

抢护原则为临水面截渗、背水面导渗。为避免贻误时机，一般先背水面导渗，视情况采取临水面截渗措施。临水面截渗：通过倾倒黏土等不透水材料，在临水面截住渗水入口。背水面导渗：利用碎石、砂卵石等透水材料，在背水面形成反滤层。

（1）反滤导渗沟法。当出现明显散浸或渗水现象时，必须开挖导渗沟，沟内铺反滤料，如图 5.4-8 所示。导渗沟一般开挖成"Y"字形，间距 5~8m，沟深 0.3~1.0m，宽 0.3~0.8m，导渗沟末端须与堤脚排水沟连通；反滤料分层依次填筑粗砂、小碎石、卵石，每层厚度大于 15cm。

（2）沙袋贴坡反滤法。当堤身透水性较大，背水坡土体过于稀软，须先清除软泥、草皮及杂物，再铺设沙袋反滤，如图 5.4-9 所示。

图 5.4-8　反滤沟导渗抢险效果图　　　　图 5.4-9　沙袋贴坡反滤抢险效果图

散浸整治口诀

散浸险小莫大意，及时开沟才给力；

反滤措施做到位，险情消除无忧虑。

5.4.2.4　漏洞

1. 险情说明

堤身或堤基出现贯穿性孔洞形成集中渗水的现象称为漏洞。其表象为渗水集中、水量较大；漏洞入口较高或渗水量较大时，上游入口水面会出现漩涡现象。如漏洞出浑水，或由清变浑，或时清时浑，表明漏洞正在迅速扩大，堤身有可能发生塌陷，存在溃决的危险。因此，一旦发生漏洞险情，必须严肃认真对待，要全力以赴迅速进行抢堵。

2. 险情严重程度判别

漏洞险情严重程度见表 5.4-4。

表 5.4-4　　　　　　　　　　漏洞险情严重程度参考表

险情严重程度	漏洞出口直径/cm	出水量/(L/s)	夹泥沙量/(kg/L)	外水位情况
一般险情	＜2	＜3	＜0.2	低于警戒水位
较大险情	2～10	3～10	0.2～5	超警戒水位（＜1m）
重大险情	＞10	＞10	＞5	超警戒水位（≥1m）

3. 抢险合理方法的确定

（1）首先应尽可能通过各种技术手段找到漏洞进口位置，一旦找到进口位置，应优先采用塞堵法。塞堵物料有软楔、棉絮、草捆、软罩等。塞堵时应"快""准""稳"，使洞周封严，然后迅速用黏性土修筑前戗加固。塞堵漏洞应注意人身安全。

（2）如迎水坡无明显洞口，可以用含水量较高的黏土顺坡抛填，这样做可以减少渗水浸入，如图 5.4-10 所示。

（3）外堵漏洞切忌乱抛块石土袋，以免架空，增加堵塞漏洞的困难。

（4）当一时难于判明是漏洞还是管涌的情况下，背水坡必须按抢护管涌做反滤设施的办法来处理。只要反滤层保住堤身的填土不流失，险情也就能稳定下来了，如图 5.4-11 所示。

图 5.4-10　进口抛黏土抢险效果图　　　图 5.4-11　出口筑反滤围井抢险效果图

漏洞整治口诀

浑水漏洞险情急，谨慎治理才可行；

漏洞进口抛黏土，出口围井御强敌。

5.4.2.5　滑坡

1. 险情说明

（1）临水面滑坡的主要原因如下。

1）堤脚滩地迎流顶冲坍塌，崩岸逼近堤脚，堤脚失稳引起滑坡。

2）水位消退时，堤身饱水，容重增加，在渗流作用下，使堤坡滑动力加大，抗滑力减小。堤坡失去平衡而滑坡。

3）汛期风浪冲毁护坡、侵蚀堤身引起的局部滑坡。

（2）背水面滑坡的主要原因如下。

1）堤身渗水饱和引起的滑坡。当堤身遭遇长时间较高的外水位作用时，堤身土体在渗水的持续作用下逐渐达到饱和状态，堤身的抗滑稳定性降低或达到最低值；再加上其他一些原因，最终导致背水坡滑坡。

2）在遭遇暴雨或长期降雨而引起的滑坡。汛期水位较高，堤身的安全系数降低，如遭遇暴雨或长时间连续降雨，堤身饱水程度进一步加大，特别是对于已产生了纵向裂缝（沉降缝）的堤段，雨水沿裂缝很容易地渗透到堤身内部，裂缝附近的土体因浸水而软化，强度降低，最终导致滑坡。

3）堤脚失去支撑而引起的滑坡。平时不注意堤脚保护，或未将紧靠堤脚的水塘及时回填等，是背水坡产生滑坡险情的重大隐患堤段。

2. 险情严重程度判别

滑坡险情严重程度见表 5.4-5。

表 5.4-5　　　　　　　　　　　滑坡险情严重程度参考表

险情严重程度	滑体错位/cm	滑体大小/m³	滑弧底渗水情况（背水坡）	外水位情况
一般险情	<1	<10	未见	低于警戒水位
较大险情	1～5	10～50	微量	超警戒水位（<1m）
重大险情	>5	>50	较多	超警戒水位（≥1m）

3. 抢险合理方法的确定

（1）临水坡滑坡抢护方法。尽量增加抗滑力，尽快减小下滑力。具体而言即："上部削坡，下部固坡"，先固脚，后削坡。

（2）背水坡滑坡的抢护方法。采用削坡减载、开沟导渗、固脚阻滑、外帮截渗。同时结合具体情况，因地制宜，分别用不同方法加以处理（图 5.4-12）。

图 5.4-12　背水坡滑坡抢险效果图

在这里特别指出，有些地方采用打桩方法抢救滑坡，是不妥当的。它不但不能抵抗滑坡土体所产生的巨大推力，反而容易促使滑坡发展。

滑坡整治口诀

滑坡治理分两面，临水固脚永不变；
背坡削坡加固脚，导渗排水是关键。

5.4.2.6　跌窝

1. 险情说明

跌窝又称陷坑，是指堤顶或堤坡发生局部塌陷的险情。跌窝有的口大底浅，呈盆形；有的口小底深，呈"井"字形。

2. 险情严重程度判别

跌窝险情严重程度见表 5.4-6。

表 5.4 - 6   跌窝险情严重程度参考表

险情严重程度	跌窝特性及发展趋势
一般险情	跌窝内无渗漏，塌陷体积较小，塌陷无发展趋势
较大险情	跌窝内有渗漏现象，塌陷体积较小，塌陷无发展
重大险情	与渗水漏洞有关，塌陷体积较大，塌陷持续不断发展

3. 抢险合理方法的确定

陷坑抢护的原则为"查明原因，还土填实"。

（1）翻填夯实。在陷坑内无渗水、管涌或漏洞等险情的情况下，先将坑内的松土翻出，分层填土夯实，直到陷坑填满，如图 5.4 - 13 所示。

1）如陷坑出现在圩堤顶或临水坡，宜用防渗性能好的土料，以利防渗，如图 5.4 - 14 所示。

图 5.4 - 13　跌窝险情抢险效果图　　　　图 5.4 - 14　进口抛黏土抢险效果图

2）如陷坑出现在背水坡，宜用透水性能好的土料，以利排水。

（2）填塞封堵。适用于临水坡水下部位的陷坑。先将好土用编织袋、草袋或麻袋进行袋装，直接向水下填塞陷坑，填满后再抛投黏性散土加以封堵。

（3）填筑滤料。当陷坑发生在背水坡，且伴随发生渗水或漏洞险情时，在截堵临水坡渗漏通道的同时，背水坡可采用填筑滤料法抢护。先清除陷坑内松土或湿软土，然后用粗砂填实。如水势严重，加填石子、块石、砖块、稍料等透水材料消杀水势。待陷坑填满后，可按砂石滤层铺设方法抢护。

跌窝整治口诀

跌窝位置查清楚，迎水一侧填黏土；

跌窝回填应压实，背水反滤才靠谱。

5.4.2.7　崩岸

1. 险情说明

当高水位时，江宽水深，风浪大，堤身受风浪的反复侵袭，对于含粉土、砂粒的堤岸极易被风浪淘洗，成为陡坎，逐渐刷深，以致发生崩岸。

2. 险情严重程度判别

崩岸险情严重程度见表 5.4－7。

表 5.4－7　　　　　　　　崩岸险情严重程度参考表

险情严重程度	崩岸特性及发展趋势
一般险情	小范围上部土体条崩，险情无发展
较大险情	较大范围上部土体条崩，险情无发展
重大险情	大范围上部土体条崩或岸脚冲刷失稳造成窝崩，险情发展较快

3. 抢险合理方法的确定

先对崩塌堤岸进行清理，再抛投土袋、块石等防冲物。对于水深流急处的抢护，可将块石装入铅丝笼、竹条笼再进行抛投。抛投从崩塌严重部位开始，依次向两边展开，抛至岸坡稳定为止，如图 5.4－15、图 5.4－16 所示。

图 5.4－15　船上抛石抢险

图 5.4－16　岸上抛石抢险

崩岸整治口诀

崩岸险情应警惕，任其发展极不利；

抛石固脚需先行，削坡减载要牢记。

5.4.2.8　裂缝

1. 险情说明

裂缝是圩堤常见的一种险情，它有时很可能是其他险情（如滑坡等）的前兆。而且由于它的存在，洪水或雨水易于入侵堤身，常会引起其他险情，尤其是横向裂缝，往往会造成堤身土体的渗透破坏，甚至更严重的后果。因此，必须引起重视。

2. 险情严重程度判别

裂缝抢险，首先要进行险情判别，分析其严重程度，判明裂缝的走向，是横缝还是纵缝，是滑坡性裂缝还是沉降性裂缝，此外还应判断是深层裂缝还是浅层裂缝。必要时还应辅以隐患探测仪进行探测。裂缝险情严重程度见表 5.4－8。

表 5.4－8　　　　　　　　　　裂缝险情严重程度参考表

险情严重程度	裂缝方向	裂缝宽度/mm	裂缝长度/m	缝中渗水情况	外水位情况
一般险情	表面龟裂、纵向	<2	<3	未见	低于警戒水位
较大险情	纵向	3～10	3～10	微量	超警戒水位（<1m）
	横向	2～5	2～5		
重大险情	纵向	≥10	>10	较多	超警戒水位（≥1m）
	横向	>5	>5		

3. 抢险合理方法的确定

（1）横墙隔断。适用于横向裂缝抢险。先沿裂缝方向开挖沟槽，再隔 3～5m 开挖一条横向沟槽，沟槽内用黏土分层回填夯实。如裂缝已与外水相通，开挖沟槽前，必须在迎水面采用抛填黏土等方法进行截渗，如图 5.4－17 所示。

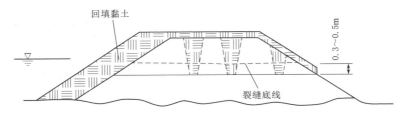

图 5.4－17　横墙隔断示意图

（2）封堵缝口。裂缝宽度小于 1cm，深度小于 1m，不太严重的纵向裂缝及不规则纵横交错的龟纹裂缝，经观察已经稳定时，可用灌堵缝口的方法，如图 5.4－18 所示。具体做法如下。

1）用于而细的砂壤土由缝口灌入，再用木条或竹片捣塞密实。

2）沿裂缝作宽 5～10cm，高 3～5cm 的小土埂，压住缝口，以防雨水浸入。

图 5.4－18　背坡纵向裂缝抢险效果图

裂缝整治口诀

裂缝家族兄弟多，横缝纵缝最难磨；
横墙隔断擒横缝，纵缝应防堤滑坡。

5. 4. 2. 9 风浪

1. 险情说明

在汛期中，水面较宽风浪较大的圩堤，被风浪冲击淘刷，临水坡土粒易被水流冲走，轻则把堤坡冲刷成浪坎，使堤身发生崩塌险情；重则使堤身完全破坏造成溃口。

2. 险情严重程度判别

风浪险情严重程度见表 5.4-9。

表 5.4-9　　　　　　　　风浪险情严重程度参考表

险情严重程度	险 情 特 性
一般险情	护坡被风浪冲刷出现小范围位移或掉块，或迎水坡土出现较浅的冲坑
较大险情	护坡被风浪冲刷出现较大范围掉块，或迎水坡土出现较深的冲坑
重大险情	护坡被风浪冲刷出现很大范围掉块，或迎水坡土出现严重掏空或坍塌

3. 抢险合理方法的确定

（1）铺设防浪布，施工方法如下。

1）用编织袋装卵石或砂，不要装得太满，约装编织袋容积的 2/3，然后用绳封口。

2）把彩条布铺设于堤坡上，下部打小直径阻滑桩并用沙袋压住彩条布下端，堤顶用沙袋压住彩条布上端，如图 5.4-19 所示。

（2）挂树枝防浪，施工方法如下：

1）用编织袋装卵石或砂，不要装得太满，约装编织袋容积的 2/3，然后用绳封口。

2）把砍好的树枝铺设于堤坡上，末梢朝下置入水中，树枝上部用沙袋压住，如图 5.4-20 所示。

图 5.4-19　铺设彩条布防浪抢险效果图　　图 5.4-20　挂树枝防浪抢险效果图

风浪整治口诀

风浪淘刷迎水坡，堤身土料流失多；

挂枝或铺彩条布，无惧狂风起浪波。

5.4.2.10 漫溢

1. 险情说明

根据预报，洪水上涨的趋势，将有超过堤顶高程的危险。此时应抓紧抢高堤顶，以免圩堤漫溃。

2. 险情严重程度判别

对于土堤而言，漫溢为重大险情，必须及时抢护。

3. 抢险合理方法的确定

采用土袋子堰抢护，子堰应在堤顶外侧抢做，至少要离开外堤肩 0.5m，以免滑动，如图 5.4-21 所示。堰后留有余地，以利于巡汛抢险时，可以往来奔走，没有阻碍。要根据土方数量及就地可能取得的材料决定施工方法，并适当组织劳力。要全段同时开工，分层填筑。不能等筑完一段再筑另一段，以免洪水从低处漫进而措手不及。

图 5.4-21 加筑子堤抢险效果图

（1）用麻袋、草袋或编织袋装土约七成，将袋口缝紧。

（2）将麻袋、草袋或编织袋铺砌在堤顶离临水坡肩线约 0.5m。袋口向内，互相搭接，用脚踩紧。

（3）第一层上面再加第二层，第二层土袋要向内缩进一些。袋缝上下必须错开，不可成为直线。逐层铺砌，到规定高度为止。

漫溢整治口诀

漫溢实属大险情，加筑子堤不可停；

子堤加高应同步，不给洪魔留活路。

5.5　渗流控制与管涌防治

5.5.1　渗流控制与管涌防治新理念

目前我国防汛抢险实践中还存在一些困惑，堤基管涌离堤脚距离有远有近，远者可达数百米甚至上千米，距堤脚很远处的管涌对堤防的危害性到底有多大？是否需要抢险？什么位置的管涌必须进行抢险？另外，过去堤防渗流控制设计建立在"防止管涌发生"的基础上，因此允许比降的确定是以管涌发生的水力比降为参考，在此基础上设计的堤防渗径长度比较大，按照我国《堤防工程设计规范》（GB 50286—2013），有时计算得到的盖重会很宽，可达数百米，这意味着大量征地和拆迁，实施难度很大，因此如何合理确定盖重宽度也是亟待解决的问题。1998 年长江洪水后，一些堤防工程采用了悬挂式防渗墙进行管涌除险，但对其作用机理和设计原则并没有科学的解释，且由于这种设计方案并不符合传统的坝工设计原则，很多人持反对意见，同时对其效果持怀疑态度。

通过大量的各种不同尺寸、不同砂样和不同堤基结构形式的复杂堤基管涌模型试验，结合管涌发展动态数值模拟分析，全面阐释了各种复杂堤基条件下管涌发生、发展、破坏的过程和机理，获取到了各种复杂堤基条件下的管涌破坏临界水力比降，对管涌现象及其危害有了新的认识。研究结果表明，堤基管涌发生、发展至管涌破坏，其过程非常复杂，堤基管涌的发生并不意味着管涌破坏。堤基管涌发生时，范围有限，仅在堤脚附近形成渗流出口，危害程度很低，对堤防整体的安全性影响不大，此时的水力比降也比较低。堤防发生管涌后的剩余强度仍然很高，还可以抵抗较大水头压力，直到水力比降足够高时，管涌通道发展至与上游连通导致溃堤，才会达到真正意义上的管涌破坏。因此过去基于"防止管涌发生"的出发点进行的堤防设计和抢险是相对安全和保守的。堤防尺寸过大、盖重宽度过宽、抢险范围过大等，从现代社会的经济性、征地难度、抢险期间人力物力和精神压力等角度来说，都很不科学。因此需要全面改变过去的管涌防治理念。通过深入研究，本书基本明确了管涌发生并不影响堤防整体安全，因此提出"允许管涌发生，控制其在有效范围内"的设计理念。堤防管涌控制的设计应该以管涌破坏水力比降而非管涌发生水力比降为参考，采取一定的安全系数，进行堤防管涌设计或抢险。

过去悬挂式防渗墙的渗流控制基本思想为"上堵下排"，一般将防渗墙布置在上游侧，并且认为防渗墙对控制管涌发生效果较差。通过悬挂式防渗墙对管涌控制作用的模型试验和数值模拟研究发现，悬挂式防渗墙虽然不能有效控制管涌发生，但对控制管涌向上游的发展效果明显，有效拦截管涌发展通道，让管涌通道绕道，增加了垂直渗径，因此增强了堤基抵抗管涌破坏的能力，并且发现悬挂式防渗墙布置在堤防下游侧比上游侧效果更好。因此肯定了悬挂式防渗墙对控制管涌发展的有效作用，且提出将防渗墙布置在下游侧位置的新的设计思路。

5.5.2　管涌防治措施

堤基管涌的防治措施有临水侧铺盖、防渗墙、背水侧盖重和减压沟（井）等，可以单独使用，也可以综合使用。究竟选用哪种方法合适，需要根据地层结构、滩地情况、资金情况、对维护管理的要求以及征地拆迁等多种因素来确定。

水平防渗（铺盖和盖重）是管涌除险中采用最多的措施，当临水侧有稳定的外滩时，可以考虑外滩铺盖。管涌险情往往发生在堤外滩窄或无滩的情况，此时可以在背水侧采用盖重措施。

当单独采用盖重所需的盖重宽度过大时，可以采用减压沟或减压井方案，如果表土层较薄、开挖深度较小，宜采用减压沟方案；反之，宜采用减压井方案。减压沟或减压井一般宜离开堤脚一定距离，以避免减压沟或减压井可能发生渗透破坏时给堤防安全带来较大威胁，所以，减压沟或减压井往往和短盖重（平台）联合使用。

当采用水平防渗或减压措施有困难或不方便时，如果透水层厚度较小，可以采用封闭式的垂直防渗方案，但设计时应考虑墙体两端绕流对渗控效果的影响，同时注意空间全封闭式防渗墙可能对地下水环境带来的不利影响。

悬挂式防渗墙的采用，首先在设计理念上的转变，即允许背水侧表土层发生管涌，但控制下卧透水层中的管涌破坏区离堤脚有一定距离，从而保证堤防的安全。

5.5.3　管涌抢险合理范围的确定

汛期堤基管涌一般出现在堤外，为安全起见破坏允许水平平均比降按0.04 考虑《水闸设计规范》（SL 265—2016）表 6.0.4 给定水平段允许渗透比降最小的粉砂为 0.05～0.07），用 L_N 表示管涌口离背水堤脚的距离，则不用抢险的合理范围可由下式确定：

$$L_N \geqslant 25H - L_b \qquad (5.5-1)$$

式中：L_b 为堤身底部宽度；H 为圩堤两侧水头差。

一般来讲，$L_b = (6～8)H$，则式（5.5-1）变为

$$L_N = (17～19)H \qquad (5.5-2)$$

因此，可将距堤脚外 $19H$ 作为不用抢险的范围，该部位堤基管涌对堤身影响有限，汛期应加强观察，汛后用透水砂料处理。但是，如果管涌发生一段时间（0.5h）后涌砂较多或有加剧的趋势，则需要进行抢险处理，这种情况可能是堤基内有特殊的缺陷，例如，老口门、老河道，或者历史上曾经在近堤脚处发生过重大管涌险情、堤基砂层已经受过破坏等情况。

汛期必须抢险的范围确定如下。

首先认为，当管涌发生后若实际的水平平均水力比降 J 达到临界坡降 J_{cr} 的 0.8 倍（安全系数为 1.25）时必须进行抢险。根据试验结果，从偏于安全考虑，取试验得到的最小值 $J_{cr}=0.078$ 为基准，L_q 为涌口至背水堤脚的距离，满足下式要求必须抢险：

$$L_b+L_{1e}+L_q \leqslant H/(0.8J_{cr})=16H \tag{5.5-3}$$

不考虑外滩的影响（$L_{1e}=0$），将 $L_b=(6 \sim 8)H$ 代入式（5.8.3）可得

$$L_q \leqslant (8 \sim 10)H \tag{5.5-4}$$

另假设 L_p 为管涌通道向临水侧发展的距离，可据模型试验结果估算：

由中尺寸双层堤基的试验结果，$J=0.8\times(0.074+0.08)/2=0.062$，管涌通向临水侧发展的距离为 $L_P<37cm=140/3.78=L/3.78$。

由中尺寸三层堤基的试验结果，当 $J=0.8\times(0.206+0.222)/2=0.171$ 时，管涌通道向临水侧发展的距离为 $L_P<20cm=140/7=L/7$。

也就是说，当 $J=0.8J_{cr}$ 时，根据模型试验的结果有 $L_P<L/3$。即使总渗径长度按 $20H$ 考虑，也有 $L_P<7H$。即如果管涌口距离背水堤脚的距离为 $(8 \sim 10)H$，则管涌通道的前端距离背水堤脚仍有不小于 $(1\sim3)H$ 的距离。因此，为安全起见，可将管涌口到背水堤脚的距离小于 $10H$ 作为必须抢险的范围。

当涌口至背水堤脚距离为 $(10\sim19)H$ 时，可根据带砂情况决定是否采取抢险措施，如带砂量逐步减少且出砂量不多，可加强观察，反之应采取措施。

5.6　小结

本章紧密结合洪涝灾害防御与应急抢险救灾实际需求，从遥感洪水态势分析技术、无人机遥感灾情动态评估、圩堤险情专家会诊与安全风险评估技术等方面进行了系统研究。提出了洪灾态势遥感协同评估、单退圩减灾模拟与评估、圩堤溃决风险评估、险情会诊与分级处置等一批关键技术，创制了成套抢险新装备，创建了渗流控制和防治设计规范，并成功应用于鄱阳湖洪灾评估、险情处置和防治实践。创新了大型湖泊洪灾态势卫星与无人机遥感协同评估技

术，构建了单退圩分洪损益实时评估模型；建立了鄱阳湖圩堤溃决概率模型和安全风险等级"三参数"快速评估法，构建了巡堤抢险-远程专家会诊决策支持体系；创建了险情分级分类指标体系，研发了针对鄱阳湖圩堤充水式反滤围井和子堤抢险装备，提炼了通俗易懂、易于操作的实用抢险技术，并在全国广泛应用；提出的允许管涌发生但控制发展的渗流控制新理念和防治设计准则写入相关技术规范，为圩堤险情防治提供了基础支撑。

第6章

鄱阳湖洪涝灾害风险防控技术体系

　　洪涝灾害是突发事件，持续时间短、危害大。为了有效地防御洪水灾害，快速做出决策部署及应急抢险。本章基于洪涝灾害机理性研究和技术研究成果，针对鄱阳湖洪涝灾害防御工作需求，编制形成了一系列技术操作规范、预案、实施办法、操作手册等，研发了信息化系统平台，分别创建了洪水预报与应急响应体系、险情识别与应急监测体系、洪涝灾害评估体系、险情处置与防治体系，创建一整套鄱阳湖洪涝灾害风险防控技术体系，解决多层次、多角度应急监测评估需求以及省、市、县、乡、村多级联动防汛会商决策和应急抢险救灾实操需求，实现了鄱阳湖洪水快速预报预警与应急响应，洪水快速动态监测，动态准确评估洪水灾情，险情高效处置与防治，为科学决策、防汛调度和市县应急抢险救灾工作提供了坚强支撑。

　　鄱阳湖洪涝灾害风险防控技术体系如图6.0-1所示。

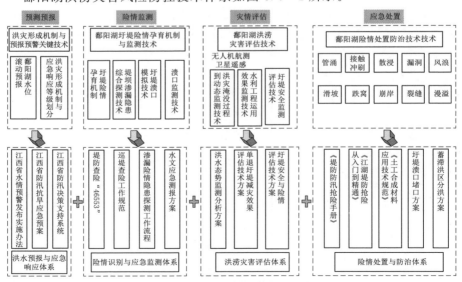

图6.0-1　鄱阳湖洪涝灾害风险防控技术体系

6.1 洪水预报与应急响应体系

利用鄱阳湖水位滚动预报、洪灾形成机制与应急响应等级划分等技术成果，项目组编制的《江西省防汛抗旱应急预案》于 2016 年经江西省人民政府正式印发，《江西省水情预警发布实施办法（试行）》于 2013 年经江西省防汛抗旱指挥部印发实施，并将水情预报模型嵌入到江西省防汛决策支持系统，成为历年鄱阳湖水情精准研判、应急响应启动的主要依据。

6.1.1 鄱阳湖水位滚动预报与预警发布

江西省防汛抗旱指挥系统依托鄱阳湖区防汛通信预警系统，建成了全省水情信息采集、防汛通信和计算机网络系统。实现网络上连国家防汛抗旱总指挥部，下接设区市和县级防汛部门、水工程管理单位，全省水情信息自动采集、传输和存储处理的水文滚动监测网。系统嵌入了鄱阳湖水情预报模型，实现鄱阳湖水位滚动预报。为提高防汛抗旱决策现代化水平、实现"五河"和鄱阳湖区洪水预报调度和全省防汛决策提供支持。

根据《江西省水情预警发布实施办法（试行）》中洪水预警发布标准和办法，向社会公众发布洪水、枯水等预警信息，包括预警等级、水情预警图标、预警内容、发布单位、发布时间等。水情预警依据江河湖洪水量级，洪水对工农业生产、人民生活及生态需水影响程度及其发展态势，由低至高分为了 4 个等级，依次用蓝色、黄色、橙色、红色表示，即洪水蓝色预警、洪水黄色预警、洪水橙色预警、洪水红色预警。

6.1.2 洪灾应急响应等级划分与应急预案

根据分析结果，按洪涝的严重程度和范围，将鄱阳湖洪涝灾害应急响应行动分为四级，确定了Ⅰ级、Ⅱ级、Ⅲ级、Ⅳ级应急响应启动的对应的鄱阳湖水位、全省五大河流（赣、抚、信、饶、修）、堤防险情、水库等险情条件，并写入《江西省防汛抗旱应急预案》，其分析成果用于指导鄱阳湖流域和鄱阳湖区灾害性天气的监测和预报，同时明确了洪水监测、预警预报相关的要求，例如，对重大灾害性天气的联合监测、会商和预报，对重大气象、水文灾害作出评估，及时报省人民政府和防汛抗旱指挥机构。当预报即将发生严重水旱灾害和台风暴雨灾害时，按有关报汛规定加密测验时段，分析江河洪水演变趋势，预测江河洪峰水位、流量及其推进速度，向社会公众发布水情预警，通知有关区域做好相关准备，为防汛抗旱指挥机构适时指挥决策提供依据。

6.2　险情识别与应急监测体系

根据圩堤险情孕育机理和特征，江西省 2010 年提出了巡堤查险"46553"要诀（查险："四必须六注意"；重点："五部位"；方式："五到"；处置："三应当"），制定的《巡堤查险工作规范》经江西省防汛抗旱指挥部发布用于指导各地使用；针对渗漏隐患探测，确定了方法组合、测线布置、模型构建、地质解译和效果评估工作流程；建立了圩堤溃口封堵、分洪方案制定和水文应急测报技术体系。

6.2.1　巡堤查险"46553"要诀

巡堤查险是每年防汛的重要工作，为了能形成一套实用好记的方法，撰写了巡堤查险《"46553"要诀》，并在全国得到广泛应用，节选如下。

1．"四必须"

（1）必须坚持统一领导、分段负责。

（2）必须坚持拉网式巡查不遗漏，相邻对组越界巡查应当相隔至少 20m。

（3）坚持做到 24h 巡查不间断。

（4）必须清理堤身、堤脚影响巡查的杂草、灌木等，密切关注堤后水塘。

2．"六注意"

（1）注意黎明时。

（2）注意吃饭时。

（3）注意换班时。

（4）注意黑夜时。

（5）注意狂风暴雨时。

（6）注意退水时。

3．"五部位"

（1）背水坡。

（2）险工险段。

（3）砂基堤段。

（4）穿堤建筑物。

（5）堤后洼地、水塘。

4．"五到"

（1）眼到。密切观察堤顶、堤坡、堤脚有无裂缝、塌陷、崩垮、浪坎、脱坡、潮湿、渗水、漏洞、翻砂冒水，以及近堤水面有无小漩涡、流势变化。

（2）手到。用手探摸检查。尤其是堤坡有杂草或障碍物的，要拨开查看。

（3）耳到。听水声有无异常，判断是否堤身有漏洞，滩坡有崩坍。

（4）脚到。用脚探查。看脚踩土层是否松软，水温是否凉，特别是水下部分更要赤脚探查。

（5）工具到。巡堤查险应随身携带铁锹、木棍、探水杆。

5."三应当"

（1）发现险情应当及时处置，一般险情随时排除，重大险情要组织队伍、专业处置、不留后患。

（2）应当做好巡查记录，对出险地方做好明显标记，安排专人看守观察。

（3）当地防汛指挥机构应当组织技术人员对出险地方组织复查，妥善处置。

查 险 歌

抗洪不怕险情多，就怕查险走马过。
堤身堤脚两百米，都是诱发险情窝。
老险段上藏新险，涵闸险情是大祸。
及时发现是关键，果断处理安全多。

6.误区及错误做法

（1）对迎水坡的巡查不到位。灌草丛生、植被茂密的迎水坡段经常成为巡查的盲区，这将导致迎水坡塌陷、滑坡以及堤身漏洞险情发现不及时，从而大大增加了抢险的难度。

（2）只注重眼看，而忽视听、摸、探等方法。尤其是黑夜雨天，更应多采用听、摸、探等方法，同时保证轻便物料随人走，以便在险情发现初期及时处理。

6.2.2　巡堤查险工作技术要求

为了规范堤防巡查规范，编制了《巡堤查险工作技术要求》，介绍了堤防巡查所需要了解得水文知识和巡查要求等内容，部分节选如下。

1.防汛水位

（1）设防水位。洪水接近平滩地，开始对防汛建筑物增加威胁，即为设防水位。达到该水位，管理人员要进入防汛岗位做好防汛准备。

（2）警戒水位。指江河漫滩行洪，堤防可能发生险情，需要开始加强防守的水位。

（3）保证水位。指保证堤防及其附属工程安全挡水的上限水位。洪水超过保证水位，防汛进入非常紧急状态，除全力抢险、采取分洪措施外，还须做好群众转移等准备。堤防防汛水位关系如图6.2-1所示。

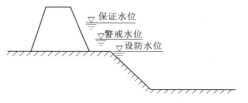

图6.2-1　堤防防汛水位关系示意图

2. 巡查要求

（1）巡查内容。堤坝有无漏洞、跌窝、脱坡、裂缝、渗水（潮湿）、管涌（泡泉）、崩塌、风浪淘刷，河势流向有无变化，涵闸有无移位、变形、基础渗漏水，闸门启闭是否灵活等情况。此外，还需特别巡查堤防附近的水井、抗旱井、地质钻孔等人为孔洞。

（2）巡查组织。根据防护对象的重要性、防守范围及水情，组织巡堤查险队伍。巡查队队员须挑选责任心强、有抢险经验、熟悉堤坝情况的人担任。组织要严密，分工要具体，严格执行巡查制度，按照巡查方法及时发现和鉴别险情并报告上级。

（3）巡查方法。巡查人员应通过步行的方式进行全面细致的检查，采用眼看、耳听、脚踩、手摸等直观方法，或辅以一些简单工具对工程表面和异常现象进行检查，并对发现的情况作出判断分析。

（4）常用巡查工具。①记录本——备记险情；②小红旗（木桩、红漆）——作险情标志；③卷尺（探水杆）——丈量险情部位及尺寸；④铁铲——铲除表面草丛，试探土壤内松软情况，必要时还可处理一般的险情；⑤电筒——黑夜巡查照明用等。巡堤查险是一件艰苦细致的工作，天气越恶劣（狂风、暴雨、黑夜）查险工作越要抓紧，不可松懈。同时巡查人员要注意自身安全。

6.2.3 渗漏隐患探测工作流程

堤坝裂缝、漏洞、软弱夹层等隐患众多，当遇洪水时极易发生管涌、散浸等险情，严重时导致大堤溃决。现有隐患物探方法种类繁多，各有适用性和局限性，难以全面解决渗漏隐患探测难题。通过调研常见堤坝及隐患类型，基于堤坝隐患地球物理场特征，通过对高密度电阻率法、地质雷达法、地震波 CT 法、超声波透射法、高密度地震映像法 5 种方法的研究，来确定对堤坝渗漏隐患探测效果最好的物探技术及其工作方法，关键技术及控制参数；结合各类典型工程实测案例，对物探方法组合、工作测线布置、反演模型构建、综合地质解译及探测效果等进行分析；针对环鄱阳湖区不同堤坝类型、不同典型缺陷、不同探测目的、范围及精度要求等，结合多种无损探测和局部钻孔探测手段，提出多参数多尺度融合的综合探测方法。各种方法互为印证，相互补充，综合分析，提高了隐患探测准确率及精准度，为鄱阳湖区汛期防洪抢险及后期加固处理提供科学可靠依据，根据渗漏隐患探测技术，制定了一整套渗漏隐患探测技术工作流程（图 6.2-2）。

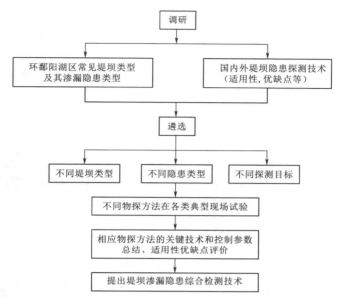

图 6.2-2　渗漏隐患探测技术工作流程

6.2.4　水文应急监测技术体系

　　水文应急监测内容包括分洪和溃口两类，本书涉及的监测内容为圩堤溃口水文应急监测。水文应急监测方法从过去的人工监测方法发展到如今利用高新仪器设施设备的监测方法。水文应急监测具有随机性、突发性、破坏性强、社会影响大、监测环境复杂、监测危险性大等特点，与常规监测相比，其工作环境、开展时机、精度要求等方面都存在差异性。

　　水文应急监测集成了一套包含 RTK、无人机、走航式 ADCP、电波流速仪、压力式水位计等先进仪器设备和技术的水文应急测报技术方案和流程，对溃口的模拟、溃口口门宽、水深、水位、水位差、流速、流量、水量、长度、体积等要素实施全方位、高效率的应急监测和分析，既可通过数值模拟评估溃口发展与影响，也能通过无人机空中观测、测量仪器的地面量测和多种测量设备的水中测算，获取不同时间尺度和精度要求的水文应急监测数据，形成一套多方位、多角度、多精度、多用途的水文应急测报技术体系，为决口封堵提供支撑，减轻了测量工作人员的强度，提高了工作效率保障人员安全。

6.3　洪涝灾害评估体系

　　利用卫星遥感、无人机航测、雷达、倾斜摄影和等洪涝灾害监测评估技术，针对鄱阳湖洪涝灾害淹没过程动态监测、水利工程运用及效果监测、圩堤的安全和险情评估等，创建包含鄱阳湖洪水态势、单退圩减灾效果、圩堤安全和险情评估的技术体系，覆盖全湖范围、工程局部监测和洪涝灾害风险评估等内容，根据监测时期的卫星过境情况选择卫星数据进行分析，分辨率从千米级到厘米级不等；对于紧急防汛期局部监测，构建形成了一套针对不同时空精度需求的洪涝灾害无人机遥感协同评估体系，如图 6.3-1 所示。

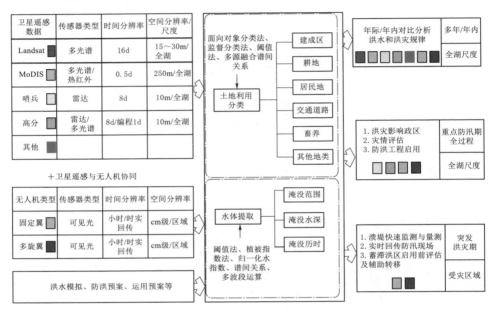

图 6.3-1　洪涝灾害无人机遥感应急监测评估方案

6.4　险情处置与防治体系

基于鄱阳湖的水情、雨情、工情特点以及各类险情孕育机制的研究成果，提出了圩堤险情分级标准，编制了《堤防防汛抢险手册》《江湖堤防抢险从入门到精通》等圩堤实用抢险技术，形成了险情处置技术体系。

1. 圩堤险情分级标准。

因圩堤溃决后果非常严重，"不计成本、不计代价"的抢险模式较为常见，制定险情分级标准是实行分级处置、科学抢险的前提。本书在调查 10 类 1000 多个险情的基础上，根据险情发生时间、位置和内外环境因素，通过实地调查、经验访谈、汛后评估和理论计算等方法，结合各类险情孕育机制的研究成果，提出了鄱阳湖圩堤典型险情分级处置标准，用于指导各地抢险。以常见的管涌险情为例，选择涌口位置、涌径、涌高、夹沙量、外水位为研判参数，将险情按严重程度分为一般、较大和重大三级，作为是否抢险、抢险方式选择的重要判别依据，参数根据经验、试验或理论计算确定（如涌口距离以试验结果确定临界坡降安全系数）。

其他常见堤防险情同样根据险情的外观表象和内外环境因素，选取合适的研判参数作为险情严重程度的判别依据，避免了"杀鸡用牛刀"的过度处置方式，力求做到"科学研判、精准抢险"。

2. 圩堤实用抢险技术

在与洪水长期共存的过程中，鄱阳湖滨湖区人民形成了丰富的圩堤抢险经验，但缺少理论支撑和技术提炼。项目组利用险情孕育机制、分级标准等研究成果，在分析近 10 年 300 余名一线抢险专家对 3000 多个各类险情处置经验的基础上，以非水利专业的基层防汛人员为使用对象，对管涌、接触冲刷、散浸、漏洞、滑坡、跌窝、崩岸、裂缝、风浪、漫溢等常见险情的分级处置方式进行了总结提炼，形成图文并茂、通俗易懂、易于操作的实用抢险手册，实现了抢险技术集成创新，在全国推广应用。

6.5　小结

针对鄱阳湖洪涝灾害风险防控需求，分别构建了针对洪水预报预警发布、险情识别与应急监测、洪涝灾害评估、险情处置与防治技术体系，创建形成一整套鄱阳湖洪涝灾害防控技术体系。编制的《江西省水情预警发布实施办法（试行）》《江西省防汛抗旱应急预案》，2013 年、2016 年印发实施，并将水情预报模型嵌入到全省防汛决策支持系统，成为历年鄱阳湖水情精准研判、应急响应启动的主要依据；根据湖堤险情孕育机理和特征，2010 年提出了巡堤查险"46553"要诀，制定的《巡堤查险工作技术要求》用于指导各地使用；针对渗漏隐患探测，确定了方法组合、测线布置、模型构建、地质解译和效果评估工作流程；建立了圩堤溃口封堵、分洪方案制定和水文应急测报技术体系；利用卫星遥感、无人机航测、雷达、倾斜摄影等洪涝灾害监测评估技术，针对鄱阳湖洪涝灾害淹没过程动态监测、水利工程运用及效果监测、圩堤的安全和险情评估等方面，创建了包含鄱阳湖洪水态势、单退圩减灾效果、圩堤安全和险情评估的技术体系，覆盖全湖范围、工程局部监测和洪涝灾害风险评估等内容，实现了洪涝灾害协同评估；提出了圩堤险情分级标准，编制了《堤防防汛抢险手册》《江湖堤防抢险从入门到精通》，形成了险情处置技术体系。为提高堤防工程安全，编制了系列技术标准，为各类堤防险情的防治和加固设计提供了依据。

第7章

技 术 实 践 与 运 用

    1998 年江西天气异常,发生了继 1954 年以来又一场特大洪涝灾害。赣江、抚河、信江、饶河、鄱阳湖和长江相继超过历史最高水位,且长江、鄱阳湖的水位长期居高不下,洪涝灾害范围之广、强度之大、损失之重、时间之长,为新中国成立以来所罕见。江西省共有 93 个县(市、区)、1786 个乡镇、2009.79 万人受灾。农作物受淹面积 158.44 万 hm²,成灾 123.47 万 hm²,绝收面积 81.65 万 hm²;损坏房屋 189.85 万间,倒塌房屋 93.53 万间;因灾死亡 313 人,其中水淹死 122 人、倒房或山体滑坡压死 73 人、雷击死亡 10 人、其他原因死亡 10 人。18378 家工矿企业停产,16737 家工矿企业部分停产。全省因灾造成直接经济损失 376.81 亿元,其中水利工程直接经济损失达 38.90 亿元。

    在这样的背景下,江西省水利科学院等单位作为江西省防汛工作的主要技术支撑部门,从 1998 年汛后开始,以解决鄱阳湖洪涝灾害防御实践过程遇到的迫切难题和重大技术问题为切入点,进行了多部门联合科研攻关,在 20 多年洪涝灾害防御项目建设中不断实践、修正,并将技术成果推向全国,在江西省和全国多地的洪涝灾害防御工作中均发挥了较好的社会、经济和生态效益,大幅度地减少了当地因洪涝灾害造成的人员伤亡和财产损失,为各级政府洪水风险管理提供了强科学、精准的技术支撑,走出了一条技术创新之路。

    本书形成了"洪水模拟-水情测报-洪水调度-险情模拟-险情处置-灾情评估"六位一体洪涝灾害风险防控总体布局,提出了洪水与灾变规律、水情快速测报、防洪工程调度、圩堤险情机制、典型险情快速处置、洪涝灾害情快速调查、圩堤安全远程诊断等关键技术,为实现鄱阳湖洪涝灾害科学防御提出了较好的解决方案。

7.1　2020 年鄱阳湖洪灾防控集成应用

7.1.1　洪水过程

2020 年 6—7 月，长江流域中游和鄱阳湖流域遭遇集中大暴雨袭击，江西省防汛形势严峻复杂，特别是 7 月遭遇集中大暴雨袭击，洪涝灾害给人民生命财产安全和经济社会发展带来严重威胁和影响。

1. 雨情

2020 年 7 月上旬，江西省降雨特点为量大集中，赣北、赣中连续出现 2 次强降雨过程；全省平均降雨 228mm，为多年同期均值的 4 倍，列历史第 1 位；北部、中部为多年均值的 3.5～6 倍，南部偏多 1 成；"五河"及鄱阳湖区降雨量为多年均值的 3.5～5.5 倍，其中饶河及鄱阳湖区流域降雨量为多年均值的 5.5 倍，均列历史第 1 位（表 7.1－1）。

表 7.1－1　　　　2020 年 7 月江西省各行政区降雨量统计

行政区	7月2—5日			7月6—10日			7月2—10日		
	2020年/mm	多年平均值/mm	比值/%	2020年/mm	多年平均值/mm	比值/%	2020年/mm	多年平均值/mm	比值/%
江西省	57.0	22.9	249	163	28.0	582	220	50.9	432
南昌市	103.0	25.5	404	268	29.0	924	371	54.5	681
景德镇	195.0	33.9	575	294	38.2	770	489	72.1	678
九江市	98.6	26.9	367	211	26.0	812	309.6	52.9	585
上饶市	128	29.4	435	222	38.4	578	350	67.8	516
宜春市	61.0	26.1	234	220	29.8	738	281	55.9	503
新余市	49.0	19.5	251	152	24.0	633	201	43.5	462
鹰潭市	87.9	32.9	267	220	36.2	608	307.9	69.1	446
抚州市	20.7	22.3	93	187	30.0	623	207.7	52.3	397
吉安市	12.7	17.6	72	158	26.1	605	170.7	43.7	391
萍乡市	26.8	19.4	138	133	25.6	520	159.8	45.0	355
赣州市	13.2	17.3	76	31.4	20.5	153	44.6	37.8	118

2. 水情

受强降雨影响，2020年鄱阳湖流域发生超历史大洪水，"五河"及鄱阳湖均发生超警洪水，涉及34条河流77站次，最大洪峰超过警戒水位7.00m。江西全省共发生12次编号洪水，13条河流16站水位超历史（湖区和"五河"尾闾13站），最大超幅为1.32m。鄱阳湖湖口站超警戒后6d到最高水位；星子站超警戒后8d超历史0.11m（1998年），日均和单日最大涨幅分列历史第1位、第2位，且维持警戒以上长达59d。7月上旬"五河"入湖水量166.3亿m^3，比常年偏多317%；7月11日6：00鄱阳湖最大入湖流量43200m^3/s，列1998年、2010年之后历史第3位。

3. 工情

圩堤是鄱阳湖防洪工程体系的重要组成部分，滨湖沿江地区有圩堤462座，堤线长3563.6km，保护农田756.2万亩，人口842.6万人。2020年7月，受江河水位持续上涨和长时间高水位浸泡等影响，滨湖沿江地区堤防最大超警长度达2531km，单日新增险情最多时达264处，日新增持续9d在3位数以上，共有效处置管涌、渗漏、塌坡、跌窝等较大以上险情2075处，如图7.1-1所示。问桂道圩、中洲圩、三角联圩3座万亩以上圩堤分别于7月8日、9日和12日，发生127m、188m和200m宽溃口。

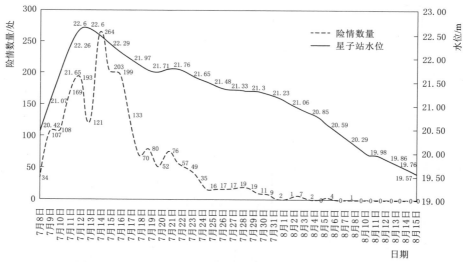

图7.1-1 2020年鄱阳湖每日险情数量与星子站水位对比图

4. 灾情

2020年，江西省洪涝灾害共造成903.7万人受灾，直接经济损失344.3亿元。特别是7月以来，673.3万人受灾，占全年74.5%，需紧急生活救助人口 31.3 万人，农作物受灾 741.7×10³hm²、绝收 191.7×10³hm²，房屋倒塌、严重和一般损坏 6.08 万户、12.19 万间，直接经济损失 313.3 亿元。

7.1.2　洪涝灾害抢险技术集成应用

与 1998 年相比，2020 年水位虽然突破了历史记录，但无论是工程险情数量还是圩堤溃决淹没范围，均远小于 1998 年，防御能力得到提升。取得如此显著的成效，得益于江西省在党中央、国务院和各级部门的关心下，切实把人民生命安全摆在首要位置，全省上下持续作战、英勇奋战；得益于鄱阳湖区防洪体系发挥成效明显，主要表现在重点圩堤达标建设提高了防御标准，退田还湖扩大了行蓄洪面积，水库除险加固和新建枢纽工程后调蓄和削减洪峰作用加大，森林覆盖率的提高延缓了洪水过程，非工程措施为科学决策提供了有力支撑。与此同时，面对超历史大洪水过程，本书提出的鄱阳湖洪水规律分析、水情监测预报、工程调度、堤防险情研判与应急处置、灾情快速监测与评估等技术等到广泛应用，为科学防汛提供了有力的支撑，有效减轻了洪涝灾害损失。

7.1.2.1　鄱阳湖洪水预报

结合鄱阳湖洪水规律与水文预报技术，江西省累计编发雨水情短信 71 万余条，发布江河预报 2066 站次、水库预报 191 站次、洪水预警 158 次、中小河流洪水预警 153 期。积极协助科学调度峡江、洪门、柘林等 30 多座大型水库 38 次，发布预报 195 次，充分发挥拦洪滞洪、削峰、错峰作用，充分减轻了下游河道及湖区的防洪压力。通过拦蓄鄱阳湖洪量 18 亿 m³，降低湖水位约 18cm；为保证景德镇城区安全，在降雨来临前调度上游浯溪口水库开闸预泄降，此后连续拦蓄洪水 2.36 亿 m³；调度柘林水库将泄量由 3460m³/减小至 1810m³/s，降低下游永修县城水位 0.3m，确保水位未突破历史记录。

7.1.2.2　圩堤溃口水文应急监测技术集成应用

7 月 8 日、9 日和 12 日晚，昌江问桂道圩、中洲圩和修河三角联圩 3 座万亩联圩先后发生 127m、188m 和 200m 宽溃口，其中三角联圩为 5 万亩以上重点圩堤。抢险工作应用 GNSS/GPS-RTK、全站仪、走航式 ADCP、手持电波流速仪和压力式水位计等设备，对溃口口门宽、水深、溃口流速、溃口内外水位差、溃口段堤防方量等实施全方位监测，勾勒溃口形态，为 4 万余群众转移、估算决口封堵工程量、确定施工强度，制定封堵方案，积累数据，提供了强有力的技术支撑。圩堤溃口水文应急监测技术集成应用如图 7.1-22 所示。

（a）走航式 ADCP 溃口流量施测　　　　　（b）抛投压力式水位计实测溃口水深

（c）外业采集圩堤决口数据　　　　　　　（d）遥控船溃口测流

图 7.1-2　圩堤溃口水文应急监测技术集成应用

　　无人机具有视野广、灵活机动等特点，在灾害监测中具有难以取代的作用。2020 年 7 月 12 日 19：40，永修县修河三角联圩发生溃决。抢险工作组迅速开展三角联圩溃口处洪水淹没区的无人机遥感应急观测，抢险工作在 2020 年 7 月 13 日，对三角联圩溃决进行无人机应急监测，动态跟踪到决口位置、决口宽度等信息，决口宽度 132m。通过无人机搭载的可见光、MiniSAR（雷达）等不同传感器快速获取的数据，结合高分三号雷达卫星，提取约为 30km^2 范围的淹没信息，对重点区域进行灾情影响评估。

7.1.2.3　单退圩运用模拟与评估

　　2020 年 7 月 13 日，江西省下发通知全面启用单退圩堤蓄滞洪水，共有 202 座单退圩开闸进洪，其中湖圩 185 座、长江圩 17 座。经抢险工作组实时模拟测算，本次运用共进洪量 30 多亿 m^3，有效降低湖水位 25～30cm，运用后进一步开展了评估，如图 7.1-3 所示。2020 年洪水虽然鄱阳湖水位有 13 站突破历史记录，但湖口站最高水位为 22.49m，未突破历史记录的 22.59m，距湖区重点圩堤保证水位、蓄滞洪区启用水位 22.50m 仅差 1cm，为有关部门进行后续决策提供了有力的技术支撑。

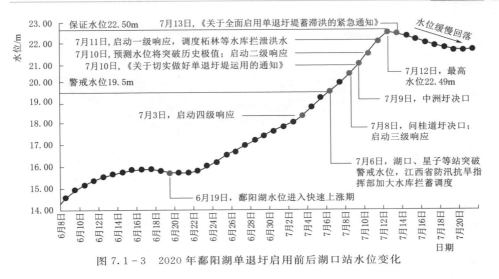

图 7.1-3　2020 年鄱阳湖单退圩启用前后湖口站水位变化

7.1.2.4　圩堤应急抢险

2016 年，结合圩堤工程险情孕育机理研究成果，对鄱阳湖常见圩堤险情进行了归纳总结，编制了《堤防防汛抢险手册》供基层防汛人员使用，该手册图文并茂、通俗易懂，深受欢迎。2020 年 7 月 8 日江西启动防汛三级响应后，由于鄱阳湖水位高涨，滨湖沿江圩堤出险不断，项目组紧急对手册进行了升级，编制了《江湖堤防抢险从入门到精通》。从 7 月 8 日—8 月 21 日的 45d 时间，江西省共派出 263 名技术专家奋战在抗洪抢险一线，该手册系列成果成为多数专家的必备口袋书，共处置险情 2075 余处，应急抢险技术得到全面推广。

7.1.2.5　圩堤渗漏隐患探测

在 2020 年鄱阳湖应急抢险中，以高密度电法仪为代表的圩堤防渗墙渗漏隐患探测技术首次得到全面应用，该技术共测堤长约 1800m，经过现场数据采集和反演结果分析，在碗子圩、西河东联圩等发现渗漏通道 40 余处，被当地群众誉为 "土堤 CT"，物探结果如图 7.1-4 所示。例如，鄱阳西河东联圩2016 年 7 月 9 日子堤因渗漏决堤，此段圩堤开始挡水，2016 年 7 月 10 日圩堤桩号 26+060 处出现险情，在距离堤脚 2m 高的堤身有 3 个集中渗漏点，利用该技术推断渗漏通道入口在迎水坡测线 24~30m 范围，长度为 6m，深度为距离堤顶 5.4~6.7m，经过开挖证实探测结果准确，效果明显。

7.1.2.6　巡堤查险与专家会诊系统

在 2020 年防汛期间，为了给专家查询和处置险情提供可靠参考，更为灾后重建提供决策依据，巡堤查险与专家会诊系统紧急开发上线，极大地提高了沟通、会商效率。一线的防汛专家可通过手机 App 在线查看圩堤资料、实时水雨情、堤防险情、抢险人员及物资储备等数据；在巡堤查险过程中，对险情

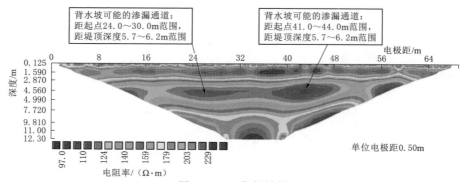

图 7.1 - 4 物探结果

现场坐标进行采集，并对险情进行图片、视频及语音的描述，将圩堤所有的险情点及时收集、反映在一张图上，现场出现的突发事件利用平台的"专家会诊"模块，通过图像或视频连线求援，达到高效处理险情的效果。该系统共有6000 余名水利职工和防汛专家使用，巡堤查险超 1000 次，发现险情 2100 余处，视频会诊 50 余场。

开发的重点圩堤水情预警功能模块，能够 24h 密切监视圩堤附近水位变化，对水位变幅大于 0.05m/h 以上的圩堤进行自动报警，水情人员对异常数据及时作出判断，为保障圩堤洪安全提供水文技术支持。

7.1.2.7 洪涝灾害无人机遥感应急监测

1. 洪涝灾害遥感监测

通过收集洪水期不同数据源的卫星数据，根据雨水情信息，快速提取鄱阳湖地区水体范围，根据影像提取的水体空间分布结果对比，发现鄱阳湖东侧江心洲周边水域范围明显增大，以及东侧鄱阳县与西侧永修县受淹严重。

2. 洪涝灾害无人机监测

利用无人机快速监测的特点，多次外业作用，获取了洪水期"全天候"超高精度、超高分辨率、大面积影像资料，快速精确地掌握受灾体情况。监测结果如图 7.1 - 5 所示。

3. 单退圩堤进洪运用监测

通过遥感和无人机，可动态跟踪洪水的发展以及水利工程运用情况。运用遥感技术可动态跟踪鄱阳湖单退圩堤工程运用的进水情况，运用无人机技术可追踪单退圩堤的进洪口等信息。例如，2020 年 7 月 23 日，对共青城市单退圩浆潭联圩主动分洪后淹没无人机遥感应急观测（空间分辨率为 5cm），完成多载荷同步观测飞行时间 1h，实时回传视频图/飞行姿态，视频、大视场测绘光学、视频数据超过 30GB，监测范围内受淹总面积为 40.55km²，涉及永修县、共青城市两个县级行政区。监测成果如图 7.1 - 6 ～图 7.1 - 8 所示。

图 7.1-5 利用无人机航拍数据建立圩堤周边倾斜模型、监测堤防险情处理

（a）2020年7月8日 　　　　　　　（b）2020年7月14日

图 7.1-6 都昌县周溪圩运用前后遥感对比

图 7.1-7 都昌县新妙圩无人机航拍（2020 年 7 月 14 日）

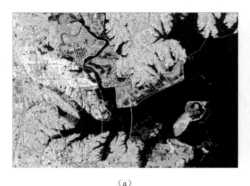
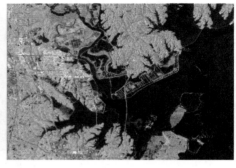

（a）　　　　　　　　　　　　　　（b）

图 7.1-8　共青城市湖西三圩运用前后遥感对比

4. 康山蓄滞洪区启用前监测与灾情评估

7 月 10 日晚，江西省水文部门预测鄱阳湖湖口站水位可能突破 1998 年水位，康山蓄滞洪区启动在即。工作组紧急调动 10 余架无人机携带光学相机、激光雷达、多光谱传感器、光电吊舱等多种载荷紧急进行启用前监测评估，7 月 13 日对康山大堤重点区域实施 15cm 超高分辨率无人机遥感监测与数据处理，并调用洪水风险图编制成果，紧急制定了转移方案。利用洪水分析技术，构建了康山蓄滞洪区水动力模型，根据模拟，洪水最大包络范围的淹没面积约为 197km²，淹没耕地面积为 10553hm²，影响人口 3.33 万人，主要涉及康山、瑞洪、石口、大塘等 7 个乡镇（农场），68 个自然村。此后因单退圩发挥作用蓄滞洪区未启用，但为有关部门提供了翔实的决策依据。

7.2　效益分析

1998 年洪水之后，针对鄱阳湖区洪涝灾害水情变化与规律掌握难，洪水预报预警时空精度低、单退圩运用理论和方法缺乏经验、圩堤险情各类众多且孕育机制不明、防汛抢险主要依靠经验、灾害影响程度模拟精度偏低、高新技术助力防汛工作缺乏等瓶颈难题，遵循防灾学、水文气象学、水力学和社会管理学等理论，将科学抢险理念引入洪涝灾害风险管理实践，选取鄱阳湖为典型示范区，深入开展洪水与灾变规律、水情快速测报、防洪工程调度、圩堤险情机制、典型险情快速处置、洪涝灾害情快速调查、圩堤安全远程诊断等关键技术攻关。成果已成功应用于 2010 年、2012 年、2016 年、2020 年等鄱阳湖洪水年，为江西省洪涝灾害应急抢险提供有效的技术支撑。

通过共同努力，进一步提高了江西省洪涝灾害应急抢险技术，实现了防洪预测预报提前化，信息采集、传输、处理自动化，灾情信息展示直观化、防洪决策科学化，带动实现了省-市-县-乡镇四级防御洪涝风险能力的跨越式发展，并在历年防汛中发挥了很好的防灾减灾效益。研究成果可有效推动江西省重点区域洪水防治及应急抢险技术水平，在江西省防洪减灾等方面发挥了重要的作用，取得了显著的社会、经济和生态效益。

7.2.1 社会效益

在应对超标准大洪水中，鄱阳湖洪涝灾害风险防控技术得到大量应用，江西省基本实现了"预警及时、反应迅速、转移快捷、避险有效"目标，发挥了显著的防灾减灾效益。通过发布预警、紧急避险转移、圩堤应急抢险等措施，有效避免了人员伤亡，确保了广大湖区群众的生命安全，保障了社会稳定和区域经济发展。

20多年来，面对超历史大洪水过程，由于国家持续投入，鄱阳湖防洪工程体系得到全面加强，为减少人员伤亡，保护人民财产提供了有效的保障，鄱阳湖洪水规律分析、水情监测预报、工程调度、堤防险情研判与应急处置、灾情快速监测与评估等技术得到广泛应用，为科学防汛提供了有力的支撑，有效减轻了洪涝灾害损失。据统计，1991—1998年，江西省洪涝灾害死亡人口为1526人，年均死亡190人；1999—2020年，江西省洪涝灾害死亡人口为338人，年均死亡16人，死亡人数下降比例约为72%。以1998年和2020年对比为例：2020年水位更高，但滨湖死亡人数从263人减为零、淹没市县从13座减为零，倒塌房屋总数下降99.5%，溃堤数量下降98.8%，人员安置数量下降73.3%，农作物受灾面积下降53.1%，抢险人数下降45.1%，淹没区减少420km^2，防灾减灾效益显著。

应急抢险技术集成项目的实施，提高了公众灾害防范意识和主动防灾避险能力，提升了公共服务水平，群死群伤事件明显下降，促进了社会稳定，有利于民生改善和经济发展。从2017年度的2000余份的民群调查问卷的数据统计分析，江西省洪涝灾害防御常识知晓率、避险技能掌握率分别为91.25%、91.60%；基层政府和群众对洪涝灾害防治工作的满意度较高，公众满意度达到90%。

7.2.2 经济效益

洪涝灾害尤其是受大江大河影响区域，相对而言是人口众多、经济相对发达地区，堤防等水利工程防洪标准较高，加上灾害预报期相对较长，前期准备工作充分，往往人员伤亡较少，但一旦发生超标准洪水，造成的经济损失则非常大。若江西全省发生全流域性大洪水，如 1998 年、2010 年、2020 年大洪水，不仅山丘区山洪灾害频发，平原区洪涝灾害造成的经济损失比重更大。本书以 2001—2018 年度江西省洪涝灾害经济损失数据作为参考，对洪涝灾害防治项目效益进行分析（2020 年待统计）。

项目组收集了江西省 2001—2018 年间洪涝灾害灾情统计数据，以 6 年为一个阶段，对比 2001—2006 年、2007—2012 年、2003—2018 年 3 个 6 年段平均经济损失率变化情况，其中 2001—2018 年间 18 年江西省洪涝灾害直接经济损失数据见表 7.2－1，间接经济损失按直接经济损失 30% 计算，2001—2018 年间洪涝灾害经济损失率计算结果如图 7.2－1 所示。

表 7.2－1　　2001—2018 年江西省洪涝灾害经济损失率统计表

年份	直接经济损失 /亿元	间接经济损失 /亿元	总经济损失 /亿元	当年 GDP /亿元	占当年 GDP 百分比/%
2001	10.3	2.49	10.79	2175.68	0.20
2002	70.04	21.012	91.052	2450.48	3.72
2003	42.47	12.741	55.211	2807.41	1.97
2004	12.83	3.849	16.679	3456.7	0.48
2005	70.21	21.063	91.273	4056.76	2.25
2006	65.18	110.554	84.734	4820.53	1.76
2007	20.01	6.003	26.013	5800.25	0.45
2008	60	18	78	6971.05	1.12
2009	52.7	15.81	610.51	7655.18	0.89
2010	502.12	150.636	652.756	9451.26	6.91
2011	91.39	27.417	1110.807	11702.82	1.02
2012	107.97	32.391	140.361	129410.88	1.08
2013	46.08	13.824	510.904	14410.19	0.42
2014	56.18	16.854	73.034	15714.63	0.46
2015	66.1	110.83	85.93	16723.78	0.51
2016	104.18	31.254	135.434	18499	0.0073
2017	106.74	32.022	138.762	20006	0.0069
2018	29.87	8.961	38.831	21985	0.0018

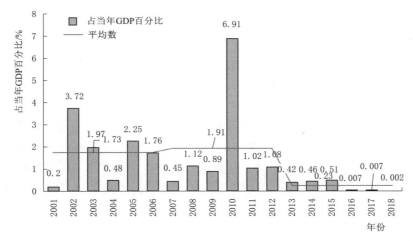

图 7.2 - 1   江西省 2001—2018 年洪涝灾害经济损失率

分析上述图表可知，江西省 2013—2018 年洪涝灾害经济损失率相对于 2001—2006 年和 2007—2012 年两个阶段呈现明显下降，反映了因洪涝灾害发生受灾减少，取得了较大的经济效益。除 2010 年全省发生全流域规模超标准洪水导致巨大经济损失外，江西省洪涝灾害经济损失率近几年呈下降趋势，但全省经济损失总体上有不断上升的趋势，表明全省经济社会在不断发展的同时，洪涝灾害导致的经济损失潜在的风险也在不断增大。

总体上，洪涝灾害应急抢险关键技术集成应用项目建设，带来的主要是社会效益，如减少人员伤亡。相对于工程措施而言，非工程措施对减少经济损失的作用不是特别显著，但是，从长期来看，随着后期工程措施的不断实施和非工程措施的补充完善，项目综合经济效益将逐步增大。

在应对 2020 年的长江流域性大洪水，尤其是鄱阳湖流域超历史大洪水过程中，江西省防洪工程经受了严峻考验，有效保障了人民群众生命财产安全。通过联合调度鄱阳湖流域干支流大中型水库群，充分发挥水库调蓄拦洪作用，累计拦蓄洪量 18 亿 m^3，降低鄱阳湖水位约 18cm；适时全面启用鄱阳湖区 185 座已达到进洪标准的单退圩堤，通过主动开闸、清堰分蓄 24 亿 m^3 洪水，降低湖区水位 25cm。此外，水利部长江水利委员会科学调度三峡水库等长江上中游水库群为长江下游拦洪错峰，相应降低湖口水位 20cm。

通过采取一系列综合措施，有效减轻了鄱阳湖区及长江九江段防洪压力，避免了鄱阳湖国家级蓄滞洪区分洪运用，确保了沿江滨湖区 101 座万亩以上圩堤安全度汛，保障了南昌、九江市，湖口、鄱阳县等 13 个城镇及开发区、工业园区、铁路、公路、机场、电厂等大批重要基础设施，以及近 700 万亩农田、900 多万人口的防洪安全，极大减少了洪灾损失。

7.2.3 生态效益

就水灾害而言，洪水灾害往往是全流域性，抗洪抢险往往需要全流域干支流、左右岸共同协防。要加强流域性的生态环境恢复与治理。治理也必须进行统一的流域规划，根据流域的特征，采取各种措施从根本上减少流域洪涝灾害。洪涝灾害发生，尤其是防洪区重点堤防一旦决口，将对生态环境造成毁灭性的灾害，1998 年流域性大洪水，造成江西省大部分地区遭受了严重的洪涝灾害，给江西省工农业生产和人民生命财产造成了重大损失。沿江滨湖地区的长江大堤、九江市城区防洪墙、鄱阳湖 10 万亩以上重点圩堤和保护京九铁路的郭东、永北圩等发生大量泡泉、塌坡等重大险情，许多迎风浪堤段受风浪冲刷影响，护坡毁坏，堤身被掏空；大批中小圩堤洪水漫顶；全省共溃决千亩以上圩堤 240 座，共淹没耕地 7.22 万 hm^2，受灾人口近 100 万人，大量泥沙淤积造成河流淤塞、良田沙化，灌排系统受到严重破坏，且短时间内难以恢复，对自然环境和农业生态造成不良影响。

开展洪涝灾害风险防控技术研究与实践有利于保护生态环境，建设生态文明，消除资源环境威胁，实现区域经济可持续发展，通过有效降低洪涝灾害影响范围，降低对生态环境的影响，避免或降低洪灾导致的水质和卫生条件恶化、疫病流行、居民健康水平下降等情况；减少土地被冲毁、淤压范围，避免大面积农田受淹甚至沙化荒废等，维持生态平衡的收益。

第 8 章

结 论 与 展 望

8.1 结论

针对鄱阳湖洪涝灾害风险防控工作中的关键问题及薄弱环节，本书以问题为导向，结合多部门 20 多年来的联合攻关成果和防汛抢险工作实践，提炼出鄱阳湖洪涝灾害形成机制与预报预警、圩堤险情孕育机制与监测、洪灾评估与险情处置防治、风险防控技术体系创建四大关键技术，系统提升了鄱阳湖洪涝灾害应对能力，也为各地提高防汛应急抢险水平提供了示范和借鉴。主要结论如下：

（1）探明了鄱阳湖洪涝灾害驱动因素，揭示了鄱阳湖洪涝灾害演变规律与形成机制，提出了复杂江-河-湖水文关系物理模型模拟、鄱阳湖容积遥感精准计算、变化水文情势下水位滚动预报与水库调度和应急响应分级等关键技术，提升了鄱阳湖洪水预报预警能力。成果阐明了鄱阳湖多要素水文特征与作用机制，运用大型物理模型模拟技术定量揭示了三峡枢纽不同时期对鄱阳湖区水位的影响特征；基于面向对象和规则集的湖泊水体信息遥感提取方法，利用遥感技术揭示了鄱阳湖水位-面积-容积的非线性关系；探明了鄱阳湖灾变规律，实现了基于洪灾损失频率分布的洪水等级划分，研发了水库洪水预报调度系统，创建了"五河一江"洪水位滚动预报和鄱阳湖水位-灾损-响应模型，建立了鄱阳湖洪水预警响应指标体系。

（2）揭示了复杂水雨工情条件下的鄱阳湖圩堤险情孕育机制，提出了圩堤主要致溃险情物理试验与数值模拟、渗漏隐患综合探测、溃口模拟与水文应急测报等关键技术，提高了圩堤险情监测精准度与溃口模拟测报技术水平。成果揭示了长时间高水位作用下鄱阳湖圩堤管涌、接触冲刷、漫溢和崩岸等主要致溃险情的破坏机理；发现了管涌自愈现象、渐进发展瞬溃机制和三层强透水堤基深层垂向管涌破坏规律，建立了管涌动态模拟数学模型；基于无损和钻孔相结合技术，创建了多参数多尺度融合的圩堤渗漏隐患综合探测方法；构建了圩堤溃口形态参数和洪峰流量预测模型，在溃口模拟与水文应急测报技术上实现了系统集成创新。

（3）提出了洪灾态势遥感协同评估、单退圩减灾模拟与评估、圩堤溃决风险评估、险情会诊与分级处置等关键技术，创制了成套抢险新装备，编建了渗流控制和防治设计规范，并成功应用于鄱阳湖洪灾评估、险情处置和防治实践。成果创新了大型湖泊洪灾态势卫星与无人机遥感协同评估技术，构建了单退圩分洪损益实时评估模型；建立了鄱阳湖圩堤溃决概率模型和安全风险等级"三参数"快速评估法，构建了巡堤抢险-远程专家会诊决策支持体系；创建了险情分级分类指标体系，提炼了通俗易懂、易于操作的实用抢险技术，并在全国广泛应用；提出了允许管涌发生但控制发展的渗流控制新理念和防治设计准则，为圩堤险情防治提供了理念支撑。

（4）在总结鄱阳湖洪灾预报、监测、评估、处置和防治等关键技术基础上，通过逐年示范应用并不断完善，形成了一批技术标准和操作规范，创建的鄱阳湖洪灾风险防控技术体系实现了系统集成创新，提升了鄱阳湖洪灾风险防控技术能力和水平，取得了较好的社会和经济效益。创建了江西省水情预警发布实施办法，构建了省市县和蓄滞洪区洪灾应急预案响应体系；提出了"46553"险情识别要诀，制定了巡堤查险工作技术要求，提出了堤坝渗漏隐患探测、圩堤溃口模拟与应急测报工作流程，提出了圩堤险情分级标准和处置技术；并通过系统集成创建了鄱阳湖洪水态势-灾情发展-减灾措施协同评估体系。

8.2　展望

鄱阳湖洪涝灾害频发，受江湖关系、地形地貌、气候变化、人类活动等自然和人为的多种因素综合影响，要杜绝洪涝灾害并不现实，但应深入研究，进一步揭示洪涝灾害发生机制，制定精准的防治措施，在大量的工程实践中反复总结提炼。要实现鄱阳湖洪涝灾害防治和应急抢险工作更加科学、更加有效，还需在以下几个方面继续研究。

1. 进一步明确束疏结合的治水思路

堤防在洪水抵御过程发挥着重要的作用，但加高加固后容易将洪水约束在狭窄的区域，一旦溃决造成的洪涝损失将会更大。多年来，圩堤工程一直是鄱阳湖应急抢险的主战场，当出现中小洪水时，鄱阳湖水库和堤防能发挥较好的作用，但面对较大洪水时，圩堤防洪压力加大，一旦溃决损失极为惨重，成为防汛的重中之重。从 2020 年鄱阳湖洪水实践看，利用单退圩关键时候"舍地让水"主动分洪,有效地减少了堤防被动决口,减少了洪涝灾害损失,有必须进一步论证单退圩的管理机制、布设合理性,探索增加单退圩范围,优化启用条件的可行性,充分发挥单退圩和蓄滞洪区分蓄超额洪量功能,减少圩堤防洪压力。

2. 进一步探索复杂江河关系的鄱阳湖洪水规律

鄱阳湖是中国最大的淡水湖,在长江流域洪水调蓄中扮演着重要的角色,本书对鄱阳湖洪水特征和灾变规律、三峡工程对鄱阳湖水位的影响进行了研究,但对于长江中上游水库群和鄱阳湖流域水库群调度对鄱阳湖洪水的影响、"五河"对鄱阳湖洪水的影响研究尚不够深入,未结合当地森林覆盖率、土地利用情况、下垫面情况等因素对鄱阳湖流域降雨和洪水的时空演变特征分析,值得进一步深入探究。

3. 进一步提高洪水预测预报精度

总体看,目前我国无论是大尺度还是山丘区小流域的洪水预测预报还比较薄弱,对于具有水文资料的大流域或区域来说,积累了较好的工作经验,但对于无资料地区的洪水预报仍为短板。特别是中长期洪水预报结果由于预见期较长,对防汛抢险预案完善和物资准备具有更好的指导作用,但该领域研究仍比较薄弱,今后的研究需将分布式水文模型、物联网、大数据技术、神经网络预测等应用到流域的预警预报中,并结合传统的降雨洪水预报,提高鄱阳湖流域洪水预测预报精度。

4. 进一步提高圩堤应急抢险信息化、智能化水平

2020 年鄱阳湖防汛中,高频次迅捷无人机组网遥感观测、高频度电法仪无损查险、险情实时上报决策等技术在一定范围得到应用,但总体上看,最有效的办法依然是人力防汛为主,抢险救援主要还是依赖人力和砂石料等传统防汛物资储备,查险和抢险过程中,不仅人力和物力消耗巨大,同时还存在险情疏忽遗漏、抢护不及时以及物料准备不足和调运费时等诸多隐患,各类新技术多处于摸索中,距人防和技防相结合的需求相差较大,需要科技工作者攻关研究。随着科学技术的不断发展,在防汛抢险领域,应吸纳材料科学、信息技术、大数据与人工智能方面的成果,提高防汛应急抢险的效率,将防汛应急抢险提升到智能化的高度。

5. 进一步重视非工程措施在应急抢险中的重要作用

在防洪体系中,水库、圩堤、蓄滞洪区等工程措施投资大、建设周期长,而且会改变已有环境。任何工程措施只能防御一定标准内的洪水,防洪作用都有上限。故在防洪中还要采取防洪宣传、避洪管理、洪水监测与预警、防洪调度和救灾等各种非工程措施,突出预防为主、防抗救相结合,构成完整的防洪体系。同时,在防御策略上,应从全面防御转变为重点防御。

由于河湖区大小圩堤数量众多，标准不一，无论是建设还是防汛抢险，都很难做到全面防御、统筹兼顾，根据保护区的重要性分级防御比较有效，对于重点圩堤有必要提高防御等级。目前基层管理部门面临着运维资金短缺、人员缺乏等问题，需要加大工程的日常养护投入，落实管养经费，强化标准化维修养护管理。

参 考 文 献

［1］ 雷声，张秀平，袁晓峰，等. 鄱阳湖单退圩实践与思考［J］. 水利学报，2021，52
　　　（5）：546－555.

［2］ 雷声. 2020 年鄱阳湖洪水回顾与思考［J］. 水资源保护，2021，37（6）：7－12.

［3］ 雷声，张秀平，许新发. 基于遥感技术的鄱阳湖水体面积及容积动态监测与分析
　　　［J］. 水利水电技术，2010，41（11）：83－86，90.

［4］ 雷声，章重，张秀平. 鄱阳湖流域五河尾闾河道演变遥感研究［J］. 人民长江，
　　　2014，45（4）：27－31.

［5］ Lei Sheng, Zhang Xiuping, Li Rongfang, Xu Xiaohua, Fu Qun. Analysis the chan-
　　　ges of annual for Poyang Lake wetland vegetation based on MODIS monitoring［J］.
　　　Procedia Environmental Sciences，2011，10：1841－1846.

［6］ Lei Sheng, Zhang Xiuping, Xu Xinfa, Fu Qun. Using Remote Sensing Technology
　　　for Dynamic Monitoring of Poyang Lake Area and Capacity［C］. ICGEC，
　　　2010：217.

［7］ 孙东亚，姚秋玲，赵雪莹. 堤坝涵管接触冲刷破坏模式分析［J/OL］. 中国水利水
　　　电科学研究院学报：1－5［2021－04－02］.

［8］ 孙东亚，解家毕，姚秋玲. 堤防工程失事概率分析方法及溃决模式研究［J］. 中国
　　　防汛抗旱，2010，20（2）：25－28.

［9］ 孙东亚，姚秋玲，赵进勇，等. 堤防工程建设技术进展［J］. 中国防汛抗旱，2009，
　　　19（6）：34－37.

［10］ 孙东亚，丁留谦，姚秋玲. 关于改进我国堤防工程护坡设计的建议［J］. 水利水电
　　　技术，2007（2）：46－48.

［11］ 孙东亚，丁留谦，梅梅. 国内外堤防压实控制标准比较研究［J］. 水利水电技术，
　　　2007（2）：49－53.

［12］ 孙东亚，包承纲，丁留谦. 对我国软基上加筋堤坝设计规范的一些设想［J］. 水利
　　　水电技术，2007（2）：54－56.

［13］ 孙东亚，董哲仁. 关于堤防工程规范中增加生态技术内容的建议［J］. 水利水电技
　　　术，2005（3）：4－8.

［14］ Sun Dongya, Zhang Dawei, Cheng Xiaotao. Framework of National Non－Structural
　　　Measures for Flash Flood Disaster Prevention in China［J］. Water，2012，4（1）：
　　　272－282.

［15］ 黎良辉，罗星，赵旭，等. 降雨条件下临水岸坡失稳试验［J/OL］. 南水北调与水
　　　利科技（中英文）：1－12［2021－04－03］.

［16］ 李德龙，许小华，黄萍，等. 基于改进智能优化算法的投影寻踪模型在洪水评估中
　　　的应用研究［J］. 水利水电技术，2015，46（12）：124－128，132.

［17］ 许小华，雷声，王小笑，等. 基于 DEM 的鄱阳湖水下地形分析［J］. 人民长江，

2014，45（21）：30－32，61.

[18] 袁晓峰，雷声，张秀平，等. 江西省平退圩堤防洪运用现状及建议 [J]. 中国防汛抗旱，2021，31（2）：11－16，69.

[19] 王小笑，雷声，傅群. 基于 GIS 反演技术的鄱阳湖蓄滞洪区洪水风险图绘制研究 [J]. 中国农村水利水电，2014（5）：170－172，175.

[20] 程晓陶. 2021年郑州"7·20"特大暴雨洪涝灾害郭家咀水库案例的教训与反思 [J]. 中国防汛抗旱，2022，32（3）：32－36.

[21] 李娜，王艳艳，王静，等. 洪水风险管理理论与技术 [J]. 中国防汛抗旱，2022，32（1）：54－62.

[22] 曹传志. 白子山中湖大堤2016年堤防险情处置技术 [J]. 人民黄河，2021，43（S2）：41－42.

[23] 徐卫红，李娜，韩松，等. 基于溃口演变过程的堤防溃决分洪过程模拟 [J]. 中国防汛抗旱，2021，31（S1）：51－54.

[24] 杨彦龙，池建军，沈海尧. 金沙江白格堰塞湖险情处置 [J]. 水利规划与设计，2021（11）：70－75.

[25] 罗清虎，宋明琦. 无人机低空遥感技术在水文监测中的应用 [J]. 中国金属通报，2021（10）：221－222.

[26] 李月宁，刘美玲，付鹏，等. 松辽流域特大洪水水文应急测报方案研究 [J]. 东北水利水电，2021，39（9）：42－45，72.

[27] 熊莹，周波，邓山. 堰塞湖水文应急监测方案研究与实践——以金沙江白格堰塞湖为例 [J]. 人民长江，2021，52（S1）：73－76，84.

[28] 李弘，王彬郦，孟格蕾，等. 城市洪涝风险防控的生态修复途径 [J]. 上海城市管理，2021，30（2）：87－96.

[29] 陈栋，姚仕明，朱勇辉，等. 2020年汛期洞庭湖湖区典型堤岸险情分析及其处置建议 [J]. 水利水电快报，2021，42（1）：64－72.

[30] 高琦，徐明，彭涛，等. 汉江流域极端面雨量时空分布特征 [J]. 暴雨灾害，2020，39（5）：516－523.

[31] 刘恒. 基于神经网络与遗传算法的洪水分类预报研究 [J]. 水利水电技术，2020，51（8）：31－38.

[32] 程晓陶. 防御超标准洪水需有全局思考 [J]. 中国水利，2020（13）：8－10.

[33] 涂华伟，彭涛，彭虹，等. 基于洪水过程的山区小流域洪水预警研究——以四川省白沙河流域为例 [J]. 人民长江，2020，51（6）：11－16.

[34] 黄祎静. 上海适应气候变化防范极端洪涝事件策略研究 [D]. 上海：上海应用技术大学，2020.

[35] 廖力，周雪芹，邹强，等. 基于柔性耦合权重的四川省洪灾评估标准计算 [J]. 长江科学院院报，2020，37（3）：37－44.

[36] 吴庆华，张伟，邹爱清，等. 堤防管涌险情研究进展 [J]. 长江科学院院报，2019，36（10）：39－44.

[37] 袁辉，闫滨. 大坝险情处置典型案例分析 [J]. 中国水能及电气化，2018（11）：4－11.

[38] 耿会涛，郑俊垚. 养水盆技术在堤防抢护中的应用探讨 [J]. 黄河水利职业技术学

院学报，2018，30（2）：21-24.

[39] 陈丽满. 海峡西岸城市群自然灾害特征及综合风险防控［D］. 福州：福州大学，2018.

[40] 程银才，王军，李明华. 基于霍顿下渗公式超渗产流计算几个问题的探讨［J］. 水文，2016，36（5）：14-16.

[41] 崔东文，王宗斌. 基于ALO-ENN算法的洪灾评估模型及应用［J］. 人民珠江，2016，37（5）：44-50.

[42] 钟仕全，莫建飞，罗永明，等. 基于GF-1遥感数据监测的岩溶洼地洪涝灾害特征分析［J］. 气象研究与应用，2016，37（1）：83-87，132.

[43] 廖力，邹强，何耀耀，等. 基于模糊投影寻踪聚类的洪灾评估模型［J］. 系统工程理论与实践，2015，35（9）：2422-2432.

[44] 赵士鹏，廖卫红，雷晓辉，等. 分布式洪水预报模型在密云水库流域的应用［J］. 中国农村水利水电，2014（3）：96-99，102.

[45] 陈守煜，薛志春，李敏. 洪水分类的可变集原理与方法［J］. 中国科学：技术科学，2013，43（11）：1202-1207.

[46] 任明磊，何晓燕，黄金池，等. 基于短期降雨预报信息的水库汛限水位实时动态控制方法研究及风险分析［J］. 水利学报，2013，44（S1）：66-72.

[47] 赵士鹏. 密云水库流域分布式洪水预报问题研究［D］. 天津：天津大学，2014.

[48] 陈守煜，薛志春，李敏. 基于可变集方法的流域防洪工程体系风险评价［J］. 人民长江，2013，44（11）：1-4.

[49] 张红萍. 山区小流域洪水风险评估与预警技术研究［D］. 北京：中国水利水电科学研究院，2013.

[50] 孙建光，何晓燕，黄金池，等. 汛限水位动态控制风险评估研究综述［J］. 人民黄河，2012，34（9）：10-13.

[51] 任明磊，何晓燕，王本德，等. 板桥水库汛限水位动态控制域研究［J］. 水电能源科学，2011，29（5）：50-52，8.

[52] 王俊. 水文应急管理体系建设［J］. 人民长江，2011，42（S1）：1-6.

[53] 刘玉邦，梁川. 基于核函数变换的非线性PLSR模型在叶水势预测中的应用［J］. 水资源与水工程学报，2010，21（4）：84-88.

[54] 胡大超，贾亚男，熊平生. 鄱阳湖区洪水灾害与孕灾环境变化的关系问题研究［J］. 国土与自然资源研究，2010（3）：56-57.

[55] 刘玉邦，梁川. 基于PCP-C耦合模型的流域洪水分类研究［J］. 水文，2010，30（1）：18-22.

[56] 王文圣，李跃清，秦宁生. 基于集对分析的洪水分类研究［J］. 高原山地气象研究，2009，29（1）：51-54.

[57] 王文圣，向红莲，李跃清，等. 基于集对分析的年径流丰枯分类新方法［J］. 四川大学学报（工程科学版），2008（5）：1-6.

[58] 李永红. 基于ArcGIS的陕西山洪灾害易发程度区划［J］. 灾害学，2008（1）：37-42.

[59] 马元旭，来红州. 荆江与洞庭湖区近50年水沙变化的研究［J］. 水土保持研究，2005（4）：103-106.

[60] 邢大韦. 中国多沙性河流的洪水灾害及其防御对策［R］. 西北水利科学研究

225

所，2005.

[61] 来红州，莫多闻. 构造沉降和泥沙淤积对洞庭湖区防洪的影响 [J]. 地理学报，2004（4）：574-580.

[62] 张人权，梁杏，万军伟. 历史时期长江中游河道演变与洪灾发展的规律 [J]. 水文地质工程地质，2003（4）：26-30.

[63] 陈金凤，钱晓燕. 近 60 年来长江对鄱阳湖倒灌水量的变化特征 [J]. 长江科学院院报，2019，36（5）：18-22，27.

[64] 万荣荣，杨桂山，王晓龙，等. 长江中游通江湖泊江湖关系研究进展 [J]. 湖泊科学，2014，26（1）：1-8.

[65] 胡振鹏，傅静. 长江与鄱阳湖水文关系及其演变的定量分析 [J]. 水利学报，2018，49（5）：570-579.

[66] 范少英，邓金运，王小鹏，等. 三峡水库运用对鄱阳湖调蓄能力的影响 [J]. 水科学进展，2019，30（4）：537-545.

[67] 邴建平. 长江-鄱阳湖江湖关系演变趋势与调控效应研究 [D]. 武汉：武汉大学，2018.

[68] 王志寰，朱立俊，王建中，等. 长江倒灌鄱阳湖原因及发生条件的量化指标 [J]. 水科学进展，2020，31（2）：203-213.

[69] 邴建平，邓鹏鑫，张冬冬，等. 三峡水库运行对鄱阳湖江湖水文情势的影响 [J]. 人民长江，2020，51（3）：87-93.

[70] 王凤，吴敦银，李荣昉. 鄱阳湖区洪涝灾害规律分析 [J]. 湖泊科学，2008，20（4）：500-506.

[71] 李国文，喻中文，陈家霖鄱. 阳湖动态水位-面积、水位-容积关系研究 [J]. 江西水利科技，2015，41（1）：21-26，34.

[72] 李国文，喻中文，吕孙云. 鄱阳湖洪水预报方案研制 [J]. 水资源研究，2014，3：479-485.

[73] 雷声，孙东亚，万国勇，等. 鄱阳湖圩堤风险评估与应急抢险技术 [J]. 江西水利科技，2021，47（2）：122-129.

[74] 黄浩智，李洪任. 鄱阳湖区圩堤建设回顾与思考 [J]. 江西水利科技，2014，40（1）：67-69.

[75] 刘昌军，姚秋玲，丁留谦，等. 堤基管涌小尺寸模型的细观试验研究 [J]. 水利学报，2014，45（S2）：90-97.

[76] 刘昌军，丁留谦，孙东亚，等. 单层堤基管涌侵蚀过程的模型试验及数值分析 [J]. 土木工程学报，2012，45（8）：140-147.

[77] 刘昌军，丁留谦，孙东亚，等. 双层堤基管涌模型试验尺寸效应的数值模拟 [J]. 岩石力学与工程学报，2012，31（S1）：3110-3116.

[78] 丁留谦，姚秋玲，孙东亚，等. 双层堤基中悬挂式防渗墙渗控效果的试验研究 [J]. 水利水电技术，2007（2）：23-26.

[79] 丁留谦，孙东亚，姚秋玲，等. 关于双层堤基上盖重设计准则的建议 [J]. 水利水电技术，2007（2）：30-35.

[80] 丁留谦，姚秋玲，孙东亚，等. 关于盖重宽度和管涌抢险范围的讨论 [J]. 水利水电技术，2007（2）：27-29.

［81］ 周晓杰，丁留谦，姚秋玲，等. 悬挂式防渗墙控制堤基渗透变形发展模型试验 ［J］. 水力发电学报，2007（2）：54 – 59.

［82］ 李露，陈群，王卓. 不同接触倾角的砂砾石与粉土的接触冲刷试验 ［J］. 人民长江，2019，50（S2）：185 – 188，212.

［83］ 黄永健，等. 棉船洲崩岸治理试验工程设计报告 ［R］. 北京：中国水利水电科学研究院，2002.

［84］ 黄永健，等. 江心洲崩岸治理试验工程的设计与施工 ［C］//长江护岸工程（第六届）及堤防防渗工程技术经验交流会论文集，2002.

［85］ 解家毕，孙东亚. 堤防漫顶可靠性分析模型及其应用 ［J］. 水利水电技术，2011，42（7）：40 – 45.

［86］ 万怡国，高江林，邹晨阳. 高密度电阻率法在鄱阳湖圩堤防汛抢险中的应用 ［J］. 人民长江，2017，48（1）：51 – 53，96.

［87］ 尹剑，徐磊，陈爽爽，等. 水利工程地球物理探测技术发展与展望 ［J］. 水利水电快报，2022，43（2）：32 – 39，51.

［88］ 顾孝同. 国内工程 CT 技术的发展与应用 ［J］. 工程地球物理学报，2006（4）：278 – 282.

［89］ 高顿，白军营. 声波透射法在冲孔灌注桩质量检测中的应用研究 ［J］. 港工技术，2020，57（1）：113 – 116.

［90］ 邹晨阳，陈芳，祝小靓. 地震勘探技术在防渗墙无损检测中的应用探究 ［J］. 人民长江，2016，47（19）：62 – 65.

［91］ 魏海涛. 无人机在水文测验中的应用 ［J］河北水利，2021（9）：22 – 22，37.

［92］ 孙亚勇，黄诗峰，马建威，等. 无人机组网遥感观测技术在洪涝灾害应急监测中的应用研究 ［J］. 中国防汛抗旱，2022，32（1）：90 – 95.

［93］ 刘浏，胡昌伟，徐宗学，等. 情景分析技术在未来太湖水位预见中的应用 ［J］. 水利学报，2012，43（4）：404 – 413.

［94］ 孙建民，王展，刘文琼. 水文应急监测技术方案及其应用分析 ［J］. 河南水利与南水北调，2014（16）：10 – 11.

［95］ 姚秋玲，丁留谦，刘昌军，等. 堤基管涌机理及防治设计准则研究 ［J］. 中国防汛抗旱，2022，32（1）：75 – 79.

［96］ 黄诗峰，马建威，孙亚勇. 我国洪涝灾害遥感监测现状与展望 ［J］. 中国水利，2021（15）：15 – 17.

［97］ 马强，刘佳明，卢程伟. 2020 年鄱阳湖区单退圩堤运用效果分析及湖区防洪治理思考 ［J］. 水利水电快报，2021，42（1）：39 – 42，72.

［98］ 张春霞. 深覆盖层堤坝地基渗流控制技术 ［J］. 河南水利与南水北调，2020，49（7）：41 – 42.

［99］ 杨之良. 围堰管涌破坏分析及防治方法研究 ［J］. 中国水运，2020（7）：133 – 134.

［100］ 王琳，毛海涛，严新军，等. 平原水库"防-截-导"渗流控制对坝后地下水位的影响 ［J］. 水资源与水工程学报，2020，31（3）：254 – 260.

［101］ 湛南渝. "台风-暴雨"洪涝灾害遥感监测与评估研究 ［D］. 成都：电子科技大学，2020.

［102］姜祥德. 洞庭湖区典型江段管涌除险与防治调查和分析研究［D］. 长沙：长沙理工大学，2020.

［103］李常辉. 长江干堤广兴洲镇段管涌现状分析及防治方法研究［J］. 资源信息与工程，2019，34（6）：87－91.

［104］朱琛洁. 砂砾石地基上土石坝的渗流控制［J］. 中华建设，2019（4）：160－161.

［105］黄旭，范尧，蔡家宏，等. 双层堤基渗流变形特征分析及管涌防治［J］. 浙江水利水电学院学报，2018，30（3）：35－38.

［106］汪权方，孙佩，王新生，等. 基于洪水过程的农业洪灾变化遥感快速评估模型及其应用［J］. 长江流域资源与环境，2017，26（11）：1831－1842.

［107］李加林，曹罗丹，浦瑞良. 洪涝灾害遥感监测评估研究综述［J］. 水利学报，2014，45（3）：253－260.

［108］黄诗峰. 遥感技术在我国洪涝灾害监测评估中的应用［J］. 中国减灾，2013（24）：36－37.

［109］方朝阳，杨菁媛，傅江，等. 鄱阳湖洪水遥感监测与洪灾损失在线评估系统［C］//Proceedings of 2011 International conference on Intelligent Computation and Industrial Application（ICIA 2011 V4）.，2011：336－339.

［110］晏洪，樊耀星. 鄱阳湖单退圩堤防洪调度的现状分析研究［J］. 科技广场，2011（2）：6－8.

［111］傅春，晏洪. 鄱阳湖单退圩堤防洪优化调度研究［J］. 人民长江，2009，40（24）：9－11.

［112］曹云. 堤防风险管理决策与降低风险措施［J］. 水科学与工程技术，2008（2）：64－66.

［113］吴兴征，丁留谦，孙东亚. 基于可靠性理论的堤防安全评估系统的开发［J］. 水利水电技术，2003（11）：88－90，107.

［114］李戈伟. 基于遥感和GIS的洪灾监测与评估方法研究［D］. 北京：中国科学院研究生院，2002.

［115］黄诗峰，陈德清，李小涛. 洪涝灾害遥感监测评估方法与实践［M］. 北京：中国水利水电出版社，2012.

［116］曾微波，侯婷婷，杨灿灿，等. 基于遥感监测的农业洪涝灾害评估方法研究［J］. 安徽农业科学，2019，47（23）：251－254.

［117］杨昆，黄诗峰，辛景峰，等. 水旱灾害遥感监测技术及应用研究进展［J］. 中国水利水电科学研究院学报，2018，16（5）：451－456，465.

［118］郑彩芳，杨前进，张文波. 遥感技术在防汛抗旱中的应用研究［J］. 中国高新科技，2021（22）：92－93.

［119］许小华，黄萍，黄诗峰，等. 鄱阳湖洪涝灾害卫星雷达遥感应急监测应用［J］. 中国防汛抗旱，2021，31（4）：10－14.

［120］李纪人. 遥感技术在防汛抗旱中的应用［J］. 中国防汛抗旱，2017，27（3）：15－18.